科技伦理治理

科技部科技评估中心 著

中国科学技术出版社
·北 京·

图书在版编目（CIP）数据

科技伦理治理 / 科技部科技评估中心著 . -- 北京 : 中国科学技术出版社 , 2025. 6. -- ISBN 978-7-5236-1015-2

Ⅰ. B82-057

中国国家版本馆 CIP 数据核字第 2024DA6841 号

策划编辑	杜凡如　郝　静	**责任编辑**	杜凡如
执行策划	任长玉	**版式设计**	蚂蚁设计
封面设计	北京潜龙	**责任印制**	李晓霖
责任校对	邓雪梅		

出　　版	中国科学技术出版社
发　　行	中国科学技术出版社有限公司
地　　址	北京市海淀区中关村南大街 16 号
邮　　编	100081
发行电话	010-62173865
传　　真	010-62173081
网　　址	http://www.cspbooks.com.cn

开　　本	710mm × 1000mm　1/16
字　　数	253 千字
印　　张	17.25
版　　次	2025 年 6 月第 1 版
印　　次	2025 年 6 月第 1 次印刷
印　　刷	大厂回族自治县彩虹印刷有限公司
书　　号	ISBN 978-7-5236-1015-2/B · 191
定　　价	89.00 元

撰文部

序言

当前，新一轮科技革命和产业变革加速演进，科学研究不断突破人类认知边界，生命科学、医学、人工智能等前沿科技交叉融合，由此带来的科技伦理挑战不断凸显，科技伦理治理已成为全球治理的重要内容。国际上主要国家和地区不断加强人工智能、大数据、基因编辑、合成生物学等前沿科技领域伦理治理。我国亦面临新的国际形势和发展环境，亟须加强科技伦理治理，维护负责任创新的大国形象，为推动构建人类命运共同体贡献中国力量。

党的十八大以来，以习近平同志为核心的党中央把科技创新摆在国家发展全局的核心位置。习近平总书记强调："科技是发展的利器，也可能成为风险的源头。要前瞻研判科技发展带来的规则冲突、社会风险、伦理挑战，完善相关法律法规、伦理审查规则及监管框架。"党的十九届四中、五中全会提出"健全科技伦理治理体制""健全科技伦理体系"，党的二十届三中全会强调"加强科技伦理治理"。习近平总书记关于科技伦理治理的重要论述为我国科技伦理治理提供了根本遵循。

中国政府高度重视科技伦理治理，积极倡导"科技向善"理念，着力构建覆盖全面、导向明确、规范有序、协调一致的科技伦理治理体系。系统构建了包括法律法规、部门规章和规范性文件等多层级制度体系。重新组建国家科技伦理委员会，健全各级政府部门、科研机构、企业、学术共同体、科研人员及社会公众等多方参与、协同共治的治理机制。聚焦脑机接口、基因编辑、嵌合体研究等前沿科技伦理领域，制定伦理指引和行为规范，强化科技伦理审查监管和风险监测预警。开展机制化、常态化科技伦理教育和培训宣传，逐步提升全社会科技伦理素养，塑造良好科技创新生态。

科技伦理治理是实现高水平科技自立自强的重要保障。科技伦理治理水平不仅是科技治理能力的重要体现，更直接影响科技创新的质量和效率。要深刻理解加强科技伦理治理的重要性和紧迫性，从推进国家治理体系和治理能力现代化、贯彻落实总体国家安全观、实现高水平科技自立自强的高度，把科技伦理要求贯穿到科学研究、技术开发等科技活动全过程，覆盖到科技创新各领域，努力实现科技创新高质量发展与高水平安全的良性互动。

科技伦理治理攸关人类文明长远发展，是全球共同关注的议题，需要各方深入探讨、凝聚共识，共抓机遇、共克挑战。中国政府将持续加强科技伦理治理，坚持科技向善，促进负责任创新；坚持伦理先行，实施敏捷治理；坚持开放合作，共享科技惠益。积极推动深化科技伦理领域的国际交流合作，促进科技创新更好造福于人类。

《科技伦理治理》一书在我国全面加强科技伦理治理工作之际出版发行，对现阶段科技伦理治理政策制度的宣传普及具有重要意义。该书比较系统地介绍了科技伦理及其治理的基本概念与原则、国内外科技伦理治理实践做法，以及我国科技伦理审查、监管和教育宣传等基本内容，注重综合性、知识性、专业性和可读性，可以为广大科技工作者提供有益参考。

科技部党组成员、副部长

前 言

科技伦理是开展科学研究、技术开发等科技活动需要遵循的价值理念和行为规范，是促进科技事业健康发展的重要保障。习近平总书记指出："科学技术具有世界性、时代性，是人类共同的财富。""要深度参与全球科技治理，贡献中国智慧，塑造科技向善的文化理念，让科技更好增进人类福祉，让中国科技为推动构建人类命运共同体作出更大贡献！""科技是发展的利器，也可能成为风险的源头。要前瞻研判科技发展带来的规则冲突、社会风险、伦理挑战，完善相关法律法规、伦理审查规则及监管框架。"党的二十大报告提出要加快实现高水平科技自立自强，深入实施科教兴国战略，完善科技创新体系，弘扬科学家精神，涵养优良学风，营造创新氛围。加强科技伦理治理是完善科技创新体系的重要内容，也是实现高水平科技自立自强的重要保障。

科技是一把"双刃剑"，如果没有科技伦理的约束，那么科学技术越先进、复杂程度越高，科技活动所带来的潜在风险就越大。随着人类科技创新的步伐日益加快，科技的力量越来越强大，人类探索未知世界的广度和深度加速拓展，科技"双刃剑"效应日益凸显。新一轮科技革命和产业变革正在深刻改变世界发展的面貌和格局，科学新发现、技术新突破让我们见证了科技改造世界、造福人类的力量，但随着人工智能、大数据、基因技术、合成生物等前沿技术的快速推进和迭代，相关技术被滥用的风险及其严重后果可能对社会公共利益和国家安全造成威胁，给人类带来风险甚至灾难。科技造福人类的前提是要确保科技自身的健康发展，这就需要加强科技伦理约束和治理，应对科技发展带来的伦理风险。

当前，我国科技创新快速发展，面临的科技伦理挑战日益增多。特别是人工智能、大数据、合成生物学等新兴科技领域的快速发展带来的伦理挑战将使科技伦理治理的范畴和模式发生深刻变化，对科技伦理治理带来更多挑战、提出更高要求。建设世界科技强国，实现高水平科技自立自强，需要全面加强科技伦理治理体系建设，加快提升科技伦理治理能力。

为加强现阶段科技伦理治理政策制度的宣传普及，构建完善我国科技伦理治理体系，本书以科技伦理治理为主线，阐述了科技伦理及其治理的基本概念、原则和理念，从国内外科技伦理治理现状、我国科技伦理治理政策制度、科技伦理（审查）委员会建设、科技伦理审查要求和监管措施、科技伦理教育宣传，以及科技伦理违法违规责任等方面展开解读与分析，同时结合科技伦理治理面临的形势和挑战，从科技伦理制度建设、治理体制、审查监管、教育宣传、国际治理等方面提出构建完善我国科技伦理治理体系的措施建议。本书注重知识性、专业性和可读性，通过介绍国内外科技伦理治理重点政策制度和经验做法，旨在帮助读者深入理解和思考科技伦理问题及其治理政策制度，希望对广大科技工作者有所裨益。本书力求通俗易懂，但由于时间和精力有限，不妥和疏漏之处在所难免，敬请广大读者批评指正。

目 录

第四章
我国科技伦理治理的探索与实践

第十章 科技伦理治理面临的挑战与展望

第一章

科技伦理及其治理概述

CHAPTER 1

科技伦理是开展科学研究、技术开发等科技活动需要遵循的价值理念和行为规范，是促进科技事业健康发展的重要保障。本章主要阐述加强科技伦理治理的重要意义，科技伦理及其治理的概念、内涵及演进过程，已形成国际公认的科技伦理原则，以及我国科技伦理原则及治理要求。

第一节

加强科技伦理治理的必要性和重要性

一、加强科技伦理治理是增强国际科技竞争力的必然要求

当前，科技创新已成为国际战略博弈的主要战场，围绕科技制高点的竞争空前激烈。新一轮科技革命和产业变革加速演进，由此带来的科技伦理挑战不断凸显，科技伦理已成为全球治理的重要内容。国际上主要国家和地区不断加强人工智能、大数据、合成生物学等前沿技术领域科技伦理治理工作，加快探索开展新兴科技领域的科技伦理治理。我国正在加快建立健全科技伦理治理体系，但还存在科技伦理治理体制机制有待进一步健全、领域发展不均衡等问题，与我国科技创新发展的现实需求不匹配，制约着我国在某些科技领域的国际科技竞争力。需要加强科技伦理治理，积极参与全球科技伦理治理，保持负责任创新的大国形象，在国际科技竞争中掌握科技伦理话语权，为推动构建人类命运共同体贡献中国力量。

二、加强科技伦理治理有利于维护和保障科技安全

党的十八大以来，以习近平同志为核心的党中央把科技创新摆在国家发展全局的核心位置，我国科技事业实现了历史性、整体性、格局性重大变化。习近平总书记以卓越的政治家和战略家的宏大视野和战略思维，高瞻远瞩地提出总体国家安全观，强调科技领域安全是国家安全的重要组成部分。党的十九届四中全会明确，健全国家安全体系，增强国家安全能力。

加强自主创新，强化科技安全，为维护和塑造国家安全提供强大的科技支撑，成为新时代科技工作的重大任务。建设世界科技强国，必须统筹发展与安全，坚定不移实施创新驱动发展战略，加快提升创新能力和科技实力，全面增强科技维护和塑造国家总体安全的能力。随着科技的迅速发展，科技活动中潜在的伦理风险越来越受到关注，对科技安全提出了挑战。没有科技伦理的规范与约束，先进程度越来越高的科技活动带来的潜在风险将无法保障科技安全，要确保科技造福人类，需要加强科技伦理治理。加强科技伦理治理已成为维护和保障国家总体安全、科技安全的重要内容，必须不断健全科技伦理治理体系，以科技安全保障支撑经济安全、社会安全及其他领域的安全。

三、加强科技伦理治理是实现高水平科技自立自强的重要保障

科技创新的渗透性、扩散性、颠覆性特征正在深刻改变人类社会的生产生活方式，科学新发现、技术新突破在造福人类的同时，技术的不当使用给人类带来风险甚至灾难的案例也越来越多。科技伦理治理既是科技治理能力水平的重要体现，影响科技创新的质量和效率，又是保障高质量科技创新和关键性技术健康发展的重要手段。只有符合基本科技伦理规范的高新技术才能得以顺利研发和应用，才属于真正的高质量科技创新。科技造福人类首先要确保科技自身的健康发展，没有科技伦理的引导，科学技术越先进、复杂程度越高，科技活动所带来的潜在风险就越大。随着我国科技创新的步伐不断加快，将进入更多的“无人区”，新的伦理问题也将随之而来，将会对科技伦理治理带来更多挑战、提出更高要求。在一些我国领先的科技领域（尤其是存在潜在伦理风险的领域），需要通过敏捷治理的方式及时通过科技伦理加以规范，确保其可靠安全，实现高水平创新，在

技术和伦理两个维度保持世界领先，树立行业标杆。因此，建设世界科技强国、实现高水平科技自立自强，需要加强科技伦理治理，为负责任的高水平科技创新保驾护航。

第二节 科技伦理及其治理的概念与演进

一、科技伦理及其治理的概念

（一）科技伦理的概念及内涵

如何定义科技伦理一直是诸多研究者尝试回答的问题，但目前科技伦理并没有明确的定义。通常与科技伦理相关的英文表述主要有 Science Ethics、Scientific Ethics、Technology Ethics、Research Ethics、Engineering Ethics 等，但这些词汇并不能与“科技伦理”的概念等同。这些词汇提及的伦理从字面意思上看似为科技伦理的子类，但从实际含义与实践看，又有明显的不同，比如 Technology Ethics 和 Engineering Ethics，国内通常翻译为“技术伦理”和“工程伦理”。技术伦理和工程伦理这类伦理所涉及的内涵及边界并非我国现行科技伦理政策制度文件提及的“科技伦理”范畴，或者说与科技伦理的匹配度并不高。与科技伦理最接近的一个英文词语是 Research Ethics，在国内通常翻译为“科研伦理”，我国相关法律法规和规范性文件要求开展涉及人的生命科学和医学研究、药物临床试验、使用实验动物等科技活动需通过伦理审查，这里的“伦理审查”实际是指科研伦理审查（Research Ethics Review）。

2022 年 3 月，中共中央办公厅、国务院办公厅印发的《关于加强科技伦理治理的意见》提出，科技伦理是开展科学研究、技术开发等科技活动需要遵循的价值理念和行为规范。这是我国科技伦理治理顶层政策文件对“科技伦理”一词所作的表述。《〈中共中央关于进一步全面深化改革、推进中国式现代化的决定〉辅导读本》对“科技伦理”这一名词解释为：科技伦理是指在科学研究和技术开发等科技活动中，科技工作者及其共同体需要遵循的价值理念和行为规范，是促进科技向善、增进人类福祉、推动科技事业健康发展的重要保障。从上述表述来看，科技伦理聚焦的是科学研究、技术开发等科技活动，更侧重在科技活动的研究和开发等前端环节进行科技伦理考量，因为大部分科技活动产生的成果或者产品的生产和应用等后端环节，由相对应的法律法规和政策制度予以规制，并不属于科技伦理治理的重点内容。换言之，科技伦理并不是不关注科技活动的后端环节，而是更需要加强科技活动前端环节的科技伦理规范，以防患于未然。

从科技伦理涉及的科技领域及范畴来看，其涵盖了生命科学、医学、人工智能等各领域科技活动，通常所称的人工智能伦理、生命科学伦理（或生命伦理）、医学伦理、实验动物福利伦理等，均属于科技伦理的范畴。科技伦理与各科技领域伦理的关系见图 1–1。

有人指出，科技伦理是我国的特有叫法或者独有名词，但实际上，国际上并非只有我国采用“科技伦理”的表述，加拿大和阿根廷等国家均有类似表述。例如，加拿大魁北克科技伦理委员会的官网英语名称为：Quebec Science and Technology Ethics Committee；法语名称为：Commission de l’éthique en science et en technologie；阿根廷国家科技伦理委员会的官网英语名称为：National Committee of Ethics in Science and Technology；西班牙语名称为：Comité Nacional de Ética en la Ciencia y la Tecnología。

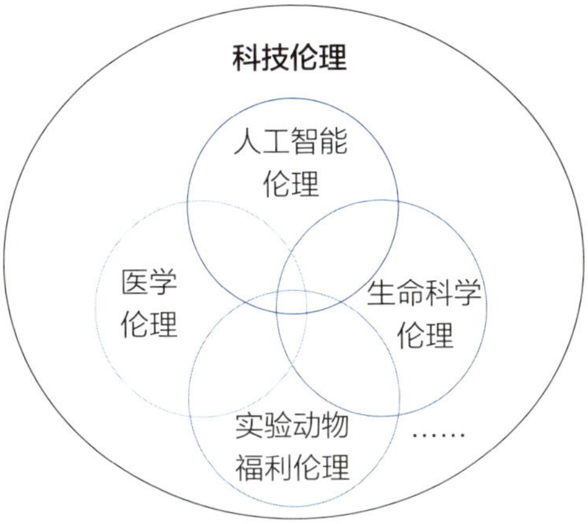

图 1-1　科技伦理与各科技领域伦理的关系

（二）科技伦理治理的概念及内涵

治理是 20 世纪 90 年代西方国家兴起的公共行政新理念，相较于管理，治理的概念越来越受到认可。在治理的各种定义中，联合国全球治理委员会（Commission on Global Governance）的定义具有代表性和权威性，即“治理是各种公共的或私人的个人和机构管理其共同事务的诸多方式的总和”。治理的优势在于既强调多元和差异，又强调公共政策制定中的纵横协调，比传统管理能更有效应对现代社会中的公共决策问题。

将治理应用于科技创新领域，就有了科技（创新）治理的概念。关于科技（创新）治理的定义，目前采用较多的是经济合作与发展组织（OECD）《科技政策治理》报告中的定义：科技创新治理是一套包含激励、规范等的制度安排，决定了参与社会经济发展的公共和私人行为主体在创新资源分配和创新活动管理中的相互作用模式。国内有的学者认为，科技治理是政府、研究机构、大学、企业及相关社会角色和公众等，以推动科技创新增进人民福祉和社会安康为宗旨和目的，以合作、协调、竞争和协商以互动形式，运用各种政策工具和机制，共同管理科学技术发展和创新的方式。

科技伦理治理是科技创新治理的重要组成部分，目前国内外尚未有统一的定义。有的学者认为，科技伦理治理的实质在于，通过构建有效的多元对话和协商机制，促使各个利益相关者都努力解决科技发展所带来的相关伦理议题，以最大限度保障人类能充分利用和享受科技发展所带来的好处，尊重人的自主性和尊严，维护他们的权利，防范可能的风险和危害。

通过综合分析国内外科技伦理治理相关制度规范及治理实践，我们认为，科技伦理治理的内涵应包括以下几个方面：

（1）关于科技伦理治理的目标。科技伦理治理相关主体共同参与监督、指导和规范科技活动，使其符合科技伦理原则和规范，确保科技创新与社会发展、人类福祉和生态环境相协调，保证人类能够充分利用和享受科技发展所带来的利益，防范可能的风险和危害。

（2）关于科技伦理治理的主体。科技伦理治理是一个多元化主体参与的过程，主要行为主体包括政府部门、高等学校、科研机构、医疗卫生机构、企业、科技社团、科研人员、伦理专家和社会公众等。各主体在科技伦理治理中扮演着不同的角色，科技伦理治理要明确各主体的相互关系和作用。

（3）关于科技伦理治理的对象。科技伦理治理的对象包含两个方面，一是科学研究和技术开发等科技活动本身是否符合科技伦理规范的治理，科技伦理治理贯穿于科技创新活动的整个过程。二是违背科技伦理的科技活动对人类社会及自然造成的危害后果和影响的治理。

（4）关于科技伦理治理的措施。科技伦理治理需要借助政策法规、监管机制、教育培训等系列工具手段来实现治理的目标，主要治理措施包括：一是制定完善科技伦理政策法规，为科技伦理治理提供制度保障，确保科技活动在法律和伦理框架内进行，防止科技滥用和伦理冲突。二是健全科技伦理审查与监管机制，确保科技活动在实施前经过严格的伦理审查，并在实施过程中受到持续的监督和管理，以确保其符合科技伦理要求。三是加强科技伦理教育和培训，提高科技伦理从业者的能力和水平，提升科技工作者的伦理意识和责任感，在科技活动中自觉遵守科技伦理规范。四是开展科技伦理国际合作与交流，共同面对和解决全球性的科技伦理问题，推动全球科技伦理标准规范的协调一致。

（5）关于科技伦理治理的模式。科技伦理治理面临的一个难题是如何权衡科技创新的风险与受益，即科技创新给人和人类社会带来的受益与可能产生的风险之间的权衡问题。从科技创新和安全发展的关系看，存在“防范原则”和“先占原则”之争。“防范原则”主张，要更谨慎地对待科技创新蕴含的不确定性，以防范其可能带来不可预料的危害；“先占原则”则认为，科技创新至关重要，不应过分强调科技创新的不确定性及潜在的负面影响，以免失去科技创新带来的机会。因此，在科技伦理治理模式上，尤其是针对人工智能等新兴技术发展，需要充分平衡好伦理治理与科技创新的关系，促进科技创新与科技伦理治理协调发展。

（6）关于科技伦理治理的范畴。科技伦理是为科技活动确定边界，主要是防止科技活动带来不可控的风险，科技伦理的具体要求随着科技创新的发展而不断调整。科技伦理治理主要适用于科学研究、技术开发等科技活动的科技伦理问题及其治理。对于科技产品生产制造和使用消费等活动是否合规，主要通过法律法规和行业主管部门的管理规范做出判定，通常不需要从价值理念层面进行判断。

简而言之，科技伦理治理是一个多元化主体参与，涵盖科技伦理规范制定、审查监管、教育培训、国际合作等多个方面的综合性体系，旨在让科技创新活动符合科技伦理规范，促进科技向善，增进人类福祉，保障科技事业健康发展。

二、科技伦理及其治理的演进

广义来看，科技伦理是在人类探索、改造自然的过程中逐步形成的，随着人类社会的发展演变成为社会伦理规范。真正意义上的科技伦理（科技伦理治理伴随而生）起源于 20 世纪 40 年代，发展于 20 世纪 60 年代至 70 年代，并在 21 世纪逐渐拓展。

（一）起源：科技应用与反人道主义的反思

第二次世界大战期间，美国实施研制原子弹的曼哈顿工程，参与研发的美国科学家开始思考和讨论如何控制原子能，并在第二次世界大战结束后组建美国科学家联合会，希望建立原子能国际控制机制。经过多方努力，1946 年，美国国会通过了《原子能法案》。

同样在第二次世界大战期间，德国纳粹医生开展了非人道的恐怖实验，例如骨骼移植、低温极限、高海拔耐受力、疟疾感染等人体实验。“二战”结束后，参与反人道主义人体试验的 23 名纳粹医生在纽伦堡国际军事法庭接受审判，催生了 1947 年关于人体试验的伦理准则——《纽伦堡准则》（也称《纽伦堡法典》），这是第一部规范人体试验（也称医学受试者研究）的国际准则，该准则明确了知情同意等十项伦理原则，是第一部国际性生命伦理学“法典”。以《纽伦堡准则》的出台为起点，国际上开始广泛地探讨现代科学技术及其应用的伦理问题。

（二）发展：国际共识达成与伦理审查的提出

1964 年，世界医学会颁布《赫尔辛基宣言》。该宣言提出了涉及人类受试者的医学研究伦理原则，对医生开展涉及人的研究应遵循的伦理准则提出要求，并提出伦理审查的理念，希望通过伦理审查规范、控制研究中的伦理风险。这是继《纽伦堡准则》之后的又一部国际性生命伦理学规范指导文件，相比《纽伦堡准则》更加全面、具体和完善。

1972 年，美国公共卫生部门与塔斯基吉学院秘密合作开展的长达 40 年的以黑人为实验对象的梅毒研究（即“塔斯基吉梅毒试验”）被曝光，促使美国制定伦理监管规范。1974 年，美国国会通过《国家研究法案》，并成立国家生物医学以及行为研究受试者保护委员会。美国卫生及公共服务部等

20个部门基于《纽伦堡准则》《赫尔辛基宣言》两个国际性准则，颁布了《联邦保护人体试验对象的政策》，并于1979年发布《保护参加科研的人体实验对象的道德原则和方针》，即《贝尔蒙报告》（也称《贝尔蒙特报告》）。《贝尔蒙报告》提出涉及人的研究需要遵循的三大基本伦理原则，即“尊重人、有益、公正”，这三大伦理原则被认为是涉及人的研究应该遵守的基本伦理准则，被国际社会普遍认可。此外,《贝尔蒙报告》还明确开展涉及人的医学研究需要接受伦理审查。

随后，上述《赫尔辛基宣言》《贝尔蒙报告》等文件中提到的基本伦理原则和治理理念逐渐在国际上达成共识，世界各国陆续建立适合本国国情的伦理审查监管制度。

（三）拓展：新兴技术领域的发展不断引发伦理关注与讨论

1996年，克隆羊“多利”诞生。进入21世纪后，克隆技术持续改进与应用，尤其是在人胚胎方面的应用，严重冲击现有伦理和道德认知，引发全社会对“克隆人”的伦理担忧。随着新一轮科技革命和产业变革加速演进，新兴技术突破和应用给经济社会发展带来的影响日益深刻，伴随产生的科技伦理问题和风险成为全世界面临的共同挑战。例如，人工智能发展带来的算法歧视、隐私保护等伦理问题，基因编辑、人类增强、合成生物学等生命科学新技术和纳米技术与新材料技术等引发的不确定性风险。此外，新兴技术及其交叉融合技术领域（例如，脑机接口技术、生物新材料等）发展带来的科技伦理问题与风险如何防控，引起学者们的广泛探讨，同时，部分国家和地区也在积极推动相关治理举措的出台。总体来看，起源于生命医学领域的基本伦理原则和国际伦理准则与共识，同样适用于新兴技术领域的科技活动。随着新兴技术领域的交叉融合发展，伦理问题与风险也不再局限于特定领域，已经开始拓展到人类、科学技术、自然生态、社会等多个层面，涉及的伦理问题和社会风险越来越复杂化，使科技伦理治理的范畴和模式发生了深刻变化，促使越来越多的国家开始更加重视科技伦理治理。

21 世纪初的纳米技术伦理问题受到关注

2000 年 4 月，美国计算机工程师、太阳公司的创始人 Joy 发表文章指出纳米技术的潜在风险，特别是纳米技术与计算机技术、基因技术融合可能带来巨大风险，并认为基因工程、纳米技术和机器人等技术带来的风险可能远远超过核武器、生物武器、化学武器等大规模杀伤性武器。同时，纳米技术的发展也引发了一些学者对其带来的伦理和风险问题的反思，纳米技术带来的伦理问题受到关注。

纳米技术带来的主要伦理问题包括健康和环境安全问题（纳米粒子的无孔不入有可能对身体和环境造成危害）、隐私安全问题（微型化的纳米器件对人们隐私的侵入）、纳米技术打造超人类带来的不平等问题、纳米技术与其他技术融合发展带来难以预测的风险等。

发展纳米技术必须把安全放在第一位。科学家有责任及时将纳米粒子毒性情况告诉公众尤其是相关职业人员，而要求被告知暴露在纳米粒子中的风险是所有涉及纳米粒子的从业者和公众的权利。纳米技术发展应遵循预防原则，制定安全防范规范。

从科技伦理及其治理的演进过程看，随着科技创新发展，科技伦理的概念、范畴、关注的重点问题在不断变化，相应的治理举措也随之发生变化。在科技伦理治理比较严格的国家和地区，除涉及人的生命科学和医学研究、药物临床试验、使用实验动物等科技活动在开展前需要通过伦理审查外，需要开展伦理审查的科技活动已经扩展到更多领域。例如，欧盟自第 7 个科研和创新框架计划（简称“框架计划”）提出“负责任研究与创新”理念开始，逐渐加大对财政资助研究项目的科技伦理监管，要求所有框架计划项目申请均需进行伦理审查评估。欧盟“地平线 2020”计划（第 8 个框架计划）进一步提高要求，将伦理考量赋予最高优先级，受资助的所有项目在申请时均需进行伦理审查评估。“地平线欧洲”计划（第 9 个框架计划，实施时限为 2021—2027 年）延续“地平线 2020”计划的伦理监管要求。英国多部门共同资助的生态系统服务与扶贫计划（ESPA）要求，自 2011 年起受资助的所有项目均需进行伦理审查，伦理审查的内容涉及弱势人群、是否需要获得政府和土地所有者特别许可的生物物理研究、是否对脆弱物种或者其栖息地造成重大干扰、是否对稀有 / 濒危或者有害生物类群 / 物种进行采样、是否在国家间运输样品 / 标本 / 土壤等诸多方面。

第三节 科技伦理原则及治理要求

一、国际共识中的科技伦理原则

（一）科技伦理国际准则确立的基本伦理原则

国际上先后制定过多个涉及人类受试者的伦理准则，其中确定的伦理原则及规范具有广泛影响力和普遍指导意义的代表性文件包括:《纽伦堡准则》《日内瓦宣言》《赫尔辛基宣言》《贝尔蒙报告》《国际医学伦理准则》等。

1947 年，纽伦堡审判催生的《纽伦堡准则》第一次以国际准则的形式提出人体试验的十项伦理原则，严格要求人体试验必须征得受试者的知情同意。该准则确立的知情同意和免予强制、合理设计科学试验、有利于试验参与者等原则，成为国际上进行人体试验必须恪守的基本原则。

《纽伦堡准则》确立的十项伦理原则

1. 人体试验要求受体具有完全法律能力，必须出于自愿、完全告知和知情同意。

2. 试验的目的是积极且有利于社会，用其他方式不能得到试验的结果。

3. 试验应该有先前知识作为前提，比如动物试验结果，以此证明人体试验的合理正当性。

4. 试验应该避免对身体和心理造成不必要的创伤和损害。

5. 一旦有理由相信存在任何潜在死亡或者残疾的风险，试验不得继续进行。

6. 试验的风险应该与可预期的人类受益比例相符，试验的代价不得超过人类受益所得。

7. 提供充分的准备和有效的设备，足以充分保护受体，使他们不面临试验的风险。

8. 实施或参与试验的人员必须受过完整的训练、具备科学的资格。

9. 一旦感到身体或心理难以继续，受体有权立即停止试验。

10. 医疗人员一旦发现继续试验会带来危险，试验就必须停止。

1948 年，世界医学会发布《日内瓦宣言》，以医生宣誓的方式，概括了医生职业的基本伦理道德原则，阐述了医患关系、医学保密、尊敬师长等方面的伦理原则。

1964 年，世界医学会发布的《赫尔辛基宣言》，历经 10 次修订，不断丰富和完善伦理原则和准则，成为国际社会普遍遵循的基本伦理准则。该宣言形成的保护受试者的权益、伦理审查、利益平衡、公平公正等伦理原则，为医学研究提供伦理道德指导，提醒研究人员在研究过程中始终关注人的尊严和权益。

《赫尔辛基宣言》的伦理原则

1. 尊重人的尊严和权益：强调人的尊严和权益应该受到尊重和保护。医学研究必须建立在个体自愿参与的基础上，并确保对受试者的权益进行保护。这意味着研究人员必须获得知情同意，并尊重受试者的个人隐私和自主权。

2. 伦理审查：强调医学研究必须经过伦理审查，并获得独立机构的批准。伦理审查的目的是确保研究的伦理合规性，保护受试者的权益和福祉。

3. 研究人员的责任：强调研究人员在进行医学研究时，应具备专业素养和道德责任。研究人员应该关注研究的科学可信度和伦理合规性，确保研究过程中的公正性和透明度。

4. 利益平衡：强调医学研究应该平衡个体和社会的利益。研究人员应该尽力确保研究的科学价值和社会利益，避免不当的风险和不平等的利益分配。

5. 公正性：强调医学研究应该进行公正的选择，不应受到种族、性别、社会地位或任何其他歧视性因素的影响。研究人员应该尽量确保研究中的机会平等和公正参与。

1979 年，美国国家卫生研究院发布《贝尔蒙报告》，强调涉及人的医学研究应遵循“尊重人、有益、公正”三大基本伦理原则。这些原则被广泛应用于医学研究和临床实践中，成为科研人员和机构审查委员会（美国对伦理审查委员会的叫法，英文简写为 IRB）成员必须遵守的伦理原则，对保护研究参与者的权益起到重要指导作用。

世界医学会 1949 年发布的《国际医学伦理准则》，历经四次修订，2022 年修订内容涉及患者自主性、医生自身福利、公平公正的卫生保健服务、患者隐私保护、知情同意及当前最新的远程医疗、环境可持续性等问题。

（二）国外机构和专家团队调研的科技伦理原则

1. 智库机构调研的科学研究中的伦理原则

根据美国智库兰德公司（RAND）发布的一项关于科学研究伦理的调查研究显示，研究团队为了解科学研究伦理因学科、地区和文化带来的差异，通过考察跨越国家疆界的伦理规范，收集分析 200 多篇最常被引用的关于科学研究伦理的同行评议文章，总结得出科学研究中十项具有跨学科普适性的伦理原则（见表 1–1）。

表 1–1　科学研究的伦理原则

伦理原则	定义
社会责任	研究人员及其研究必须对社会福祉做出贡献
行善	研究人员应以研究参与者的福祉为目标，努力使研究的受益大于风险
利益冲突	研究人员应尽量减少财务和其他因素对其研究和研究参与者的影响，因为这可能会导致研究结果的偏差。利益冲突更多地针对研究人员，但如果向研究参与者提供财务或非财务激励时也会对他们产生影响
知情同意	所有研究参与者必须自愿参与研究，不受经济利益或其他压力的影响，且自愿是建立在对研究及其风险的理解之上。当参与者不同意或当弱势群体参与研究时，研究人员及其机构应采取具体的行动来保护参与者
诚信	研究人员应具备诚信品质，不应捏造、遗漏数据或伪造结果。他们应全面报告研究结果，最大限度减少或消除研究方法中的偏差，并阐明基本假设
非歧视	研究人员应尽可能保护特定群体的研究裨益并避免剥夺其他群体的利益
不剥削	研究人员不应剥削或不公平地利用研究参与者
隐私和保密	隐私：在采集生物样本时，研究参与者有权控制对其个人信息和身体的接触。参与者可以控制他人如何看到、接触或获取他们的信息 保密：研究人员保护参与者提供的个人信息不被泄露。保密是隐私概念的延伸，是指参与者对可识别信息存储和共享方式的理解和同意

续表

伦理原则	定义
专业能力	研究人员应从事他们胜任的工作，同时参加培训和改进计划，以期提高他们的技能。这一原则包括研究人员如何选择研究方法、统计方法和适当的样本量，以避免误导性结果
职业纪律	研究人员应从事合乎伦理的研究，并通过实践、出版传播、指导教学以及其他活动弘扬伦理行为，帮助其他研究人员从事伦理研究

2. 国外专家团队调研的人工智能伦理原则

根据一项针对全球人工智能治理的调查显示，在 *Patterns* 杂志发表的题为《全球人工智能伦理：200 项人工智能治理指南和建议综述》中，国外研究学者在对全球公共机构、非营利组织、企业、行业协会等不同利益相关者发布的 200 项人工智能治理政策和指南进行综合分析后，认为常见的人工智能伦理原则为：透明度、公平 / 公正、责任、隐私、有益、自由与自主、信任、尊严、可持续、团结等，其中最为常见的 5 项原则依次为：透明度（86%）、公平 / 公正（81%）、有益（71%）、责任（71%）、隐私（56%）。

二、我国科技活动应遵循的科技伦理原则

2021 年 12 月，习近平总书记主持召开中央全面深化改革委员会第二十三次会议，审议通过了《关于加强科技伦理治理的指导意见》，强调科技伦理是科技活动必须遵守的价值准则，要坚持增进人类福祉、尊重生命权利、公平公正、合理控制风险、保持公开透明的原则，健全多方参与、协同共治的治理体制机制，塑造科技向善的文化理念和保障机制。

2022 年 3 月，中共中央办公厅、国务院办公厅印发了《关于加强科技伦理治理的意见》，以中央文件的形式确立了我国开展科技活动应当遵循的五项科技伦理原则，即增进人类福祉、尊重生命权利、坚持公平公正、合

理控制风险、保持公开透明原则。

（一）增进人类福祉

该原则从社会责任角度提出科技活动应坚持以人民为中心的理念，应有利于促进经济发展、社会进步、民生改善和生态环境保护，不断增强人民群众的获得感、幸福感、安全感，促进人类社会和平发展和可持续发展。

（二）尊重生命权利

该原则包括四方面内容：一是尊重人的生存权，二是尊重人的知情权和选择权，三是尊重人格尊严、保护个人隐私，四是善待实验动物。科技活动应最大限度避免对人的生命安全、身体健康、精神和心理健康造成伤害或潜在威胁，尊重人格尊严和个人隐私，保障科技活动参与者的知情权和选择权。使用实验动物应符合“减少、替代、优化”等伦理要求。

（三）坚持公平公正

该原则要求尊重不同信仰、不同文化的差异，包容对待，防止歧视，反对偏见，维护社会公平正义。科技活动应尊重宗教信仰、文化传统等方面的差异，公平、公正、包容地对待不同社会群体，防止歧视和偏见。

（四）合理控制风险

该原则强调审慎对待科学技术可能带来的伦理风险和挑战，科研人员应该不断提高专业能力，遵守专业行为规范，确保科技活动安全可控，规避、防范科技创新和应用可能引发的风险及对社会的负面影响。防止科技成果误用、滥用，避免危及社会安全、公共安全、生物安全和生态安全。

（五）保持公开透明

该原则强调科技活动应建立相关方合理的参与机制、信息披露机制，规避利益冲突对专业判断的可能影响，科研人员要坚守诚信，保证科技活动客观真实。科技活动应鼓励利益相关方和社会公众合理参与，建立涉及重大、敏感伦理问题的科技活动披露机制。公布科技活动相关信息时应提高透明度，做到客观真实。

《关于加强科技伦理治理的意见》确立的上述五项科技伦理原则，是在充分吸收借鉴国际科技伦理相关规则共识、准则指南的基础上，结合我国科技创新发展实际情况，由科技界、伦理学界、法学界的专家学者集体研究、充分论证形成的，同时，也进一步彰显了我国加强科技伦理治理的立场和态度。此外，这五项科技伦理原则与国际共识形成的伦理原则高度一致，这也是与国际科技共同体对话的基础，对推动国际科技合作十分必要。

科技伦理原则是科技伦理的基石，是指导科技活动的重要价值理念和行为规范，旨在促进科技事业的健康发展，引导科技活动在促进人类福祉的同时，维护社会公正和保护个人权益，促进人类社会可持续发展。上述五项科技伦理原则具有以下重要意义：

一是有助于妥善处理好安全与发展的关系，即科技伦理治理要秉持促进科技创新与防范风险相统一，在不断推动科技创新的同时，也要不断健全防范化解风险的体制机制，避免科技创新活动危及社会安全、公共安全、生物安全和生态安全，让科技创新更有保障。

二是有助于使科技更好地造福人类，充分体现以人民为中心的理念，即科技伦理治理工作要确保科技活动有利于促进经济发展、社会进步、民生改善和生态环境保护，还要充分体现对人的尊重，避免对人的生命安全、身体健康、精神和心理健康造成伤害或潜在威胁，尊重人格尊严和个人隐私，保障科技活动参与者的知情权和选择权，保障实验动物福利。

三是有助于树立人类命运共同体意识，让我国科技为推动构建人类命运共同体做出更大贡献，通过逐步构建符合国情，与国际相接轨的科技伦理治理体系，贡献中国智慧和中国方案，助力我国深化开放创新、积极融入全球创新网络、深度参与全球科技治理。

三、我国科技伦理治理的基本要求

《关于加强科技伦理治理的意见》在确立我国科技活动应遵循的科技伦理原则的同时，明确提出了伦理先行、依法依规、敏捷治理、立足国情、开放合作五项科技伦理治理基本要求。

（一）伦理先行

加强源头治理，注重预防，将科技伦理要求贯穿科学研究、技术开发等科技活动全过程，促进科技活动与科技伦理协调发展、良性互动，实现负责任的创新。该要求强调的是提高科技伦理意识，加强前瞻研究和监测预警，将科技风险防范的端口前移，及时从规制上做好应对，不能“干了再说”，也不能把伦理问题泛化，要坚持促进科技创新与防范风险相统一，做到科技创新高质量发展与高水平安全良性互动。

（二）依法依规

坚持依法依规开展科技伦理治理工作，加快推进科技伦理治理法律制度建设。一方面，要遵守现有法律法规的相关伦理要求，严格执法，违法必究。另一方面，要加快建立健全法律法规制度体系，使科技伦理治理工作有法可依、有章可循。

（三）敏捷治理

加强科技伦理风险预警与跟踪研判，及时动态调整治理方式和伦理规范，快速、灵活应对科技创新带来的伦理挑战。科学技术发展带来的科技革命和产业变革不断加速演进，各科技领域的创新日新月异，尤其是新兴技术领域的迅猛发展，带来了诸多伦理问题或潜在风险，科技伦理治理需要适时动态调整治理模式和制度规范，敏捷应对科技创新带来的伦理风险。

（四）立足国情

科技伦理因国家、地区和历史、文化、宗教等而异。应立足我国科技发展的历史阶段及社会文化特点，遵循科技创新规律，建立健全符合我国国情的科技伦理体系。

（五）开放合作

坚持开放发展理念，加强对外交流，建立多方协同合作机制，凝聚共识，形成合力。科技伦理治理是全人类面临的共同话题，具有国际性，在诸多领域已经达成科技伦理治理的国际共识。我国作为负责任的创新大国，要积极推进全球科技伦理治理，贡献中国智慧和中国方案。

《关于加强科技伦理治理的意见》强调，要坚持促进科技创新与防范风险相统一、制度规范与自我约束相结合，强化底线思维和风险意识，把科技伦理要求贯穿到科学研究、技术研发等科技活动全过程，覆盖科技创新各领域。任何单位、组织和个人开展科技活动不得危害社会安全、公共安全、生物安全和生态安全，不得侵害人的生命安全、身心健康、人格尊严，不得侵犯科技活动参与者的知情权和选择权，不得资助违背科技伦理要求的科技活动。

以上是我国科技伦理治理顶层政策文件对科技伦理原则和科技伦理治理要求作出的基本规定，开展生命科学、医学、人工智能等具体领域的科技活动，除遵循以上科技伦理基本原则和治理要求外，还应遵循相应领域科技活动的科技伦理原则和治理要求。

第二章

国外科技伦理审查监管概况

CHAPTER 2

世界卫生组织、联合国教科文组织、世界医学会等相关国际组织制定一系列伦理规范和标准，积极推动国际社会形成伦理共识。绝大多数发达国家和地区设立国家层面的科技伦理委员会，制定科技伦理审查监管制度，建立信息化监管平台，加强新兴技术伦理治理，为我国科技伦理治理提供参考借鉴。本章主要介绍相关国际组织、主要国家和地区在科技伦理治理制度规范、治理模式和方式，以及新兴技术伦理治理等方面的经验做法。

第一节

国外科技伦理重要制度文件

一、国际组织科技伦理准则和指南

国际组织在科技伦理治理方面发挥着重要作用，通过发布系列科技伦理准则、规范、标准、指南等文件，积极推动国际社会开展科技伦理治理实践并形成共识，为各国开展科技伦理审查监管提供指南。与科技伦理相关的重要国际组织主要有世界卫生组织（WHO）、联合国教科文组织（UNESCO）及下设的国际生命伦理委员会（IBC）和世界科学知识和技术伦理委员会（COMEST）、联合国人权事务高级专员办公室（OHCHR）、经济合作与发展组织（OECD）、世界医学会（WMA）、国际医学科学组织理事会（CIMOS）、国际药品注册协调会（ICH）、国际干细胞研究学会（ISSCR）等。相关国际组织发布的重要科技伦理文件见表 2–1。

表 2–1　国际组织发布的重要科技伦理文件

发布组织	文件名称	发布 / 最新修订年份	内容要点
WHO	《卫生领域人工智能的伦理与治理：多模态大模型指南》	2024 年	为政府、科技公司和医疗保健提供者等不同群体提供关于合理利用多模态大模型（LMM）技术的 40 多条建议
WHO	《涉及人的健康相关研究伦理监管基准工具》	2023 年	世界卫生组织对涉及人的健康相关研究进行伦理监管的基准工具

续表

发布组织	文件名称	发布 / 最新修订年份	内容要点
WHO	《卫生健康领域人工智能伦理与治理指南》	2021 年	概述了人工智能在医疗与卫生中的各种应用，提出确保人工智能符合各国公共利益的六项伦理原则，为各国开展卫生健康领域人工智能伦理治理提供有价值的指南
WHO	《涉及人类受试者的健康研究伦理审查标准操作指南（SOP）》	2011 年	提出对涉及人类受试者的生命医学、行为学、社会科学和流行病学等研究活动的 10 项伦理审查标准操作指南
WHO	《世界卫生组织药物临床试验质量管理规范指南》（WHO-GCP）	1995 年	国际公认的药物临床试验质量管理和伦理标准
UNESCO	《人工智能伦理问题建议书》	2021 年	人工智能领域首份全球框架协议，提出规范人工智能发展应遵循的伦理原则，以及在该原则指导下人工智能应用的领域
UNESCO	《世界生物伦理与人权宣言》	2005 年	确立在科学研究和应用中的 15 条生命伦理基本原则
UNESCO Bioethics Program	《国际人类基因数据宣言》	2003 年	重申采集、处理、使用和保存人类基因数据必须遵循《世界人类基因组与人权宣言》所确定的各项原则以及平等、公正、团结互助与负责，尊重人的尊严、人权和基本自由，包括研究自由和个人隐私与安全等原则
UNESCO Bioethics Program	《世界人类基因组与人权宣言》	1997 年	认可人类基因组研究及其应用为改善个人及全人类的健康状况开辟了广阔前景，但需强调，应充分尊重人的尊严、自由和权利，并禁止基于遗传特点的一切形式的歧视

续表

发布组织	文件名称	发布 / 最新修订年份	内容要点
OHCHR	《公民权利和政治权利国际公约》	1966 年	任何人不得遭受酷刑或残忍、不人道或有辱人格的待遇或处罚。特别是，未经任何人自由同意，不得对其进行医学或科学实验
OECD	《经合组织人工智能原则》	2019 年 / 2024 年	提出人工智能应促进包容性增长和可持续发展、尊重法律和人权、确保透明度和负责任的披露、保障稳健和安全运行，以及不断评估和管理潜在风险等原则
WMA	《赫尔辛基宣言》	1964 年 / 2024 年	提出涉及人的医学研究应遵循的伦理准则，强调通过伦理审查来规范和控制研究中的伦理风险
WMA	《国际医学伦理准则》	1949 年 / 2022 年	概述医疗行业的伦理道德原则和职业责任，包括医生对患者和社会的责任，以及对其他医生、学生和其他健康专业人员和个人的责任
WMA	《日内瓦宣言》	1948 年 / 2017 年	以医生誓言的形式，简明扼要地提出医生职业的基本伦理道德原则
CIOMS/WHO	《涉及人的健康相关研究国际伦理准则》	1982 年 / 2016 年	2016 版准则将《涉及人的生物医学研究国际伦理准则》（2002）和《流行病学研究的国际伦理准则》（2009）合并修订，将“涉及人的生物医学研究”改为“涉及人的健康相关研究”，提出 25 项涉及人的健康相关研究基本伦理准则
ICH	《E6：药物临床试验质量管理规范（ICH-GCP）》	1996 年 / 2016 年	新药临床试验质量管理规范，规定了药品临床试验中应遵循的基本原则和标准
ISSCR	《人类胚胎干细胞研究指南》	2006 年	人类胚胎干细胞系和应用干细胞的研究的伦理和科学规范

相关国际组织发布的重要科技伦理文件主要集中在生命医学领域，少数涉及人工智能及交叉领域。这些文件是世界各国对科技伦理治理达成的普遍共识，有的已成为国际公认的基本伦理准则和规范要求，为各国的科技伦理治理提供重要指导和借鉴。以涉及人的健康相关研究伦理为例，2016 年国际医学科学组织理事会与世界卫生组织发布的《涉及人的健康相关研究国际伦理指南》（第 4 版），提出 25 项涉及人的健康相关研究伦理指南（表 2–2），已成为各成员国普遍遵守的涉及人的健康相关研究国际伦理指南。

表 2–2 《涉及人的健康相关研究国际伦理指南》提出的 25 项基本伦理指南

序号	伦理指南	序号	伦理指南
1	研究的科学和社会价值以及尊重受试者的权利	14	研究相关损害的医疗和补偿
2	低资源环境中进行的研究	15	涉及弱势群体或个人的研究
3	选择研究受试人群：利益与负担的公平分配	16	涉及无知情同意能力的成人的研究
4	潜在的个人利益与风险	17	涉及儿童和青少年的研究
5	临床研究对照的选择	18	妇女作为研究受试者
6	受试者健康需求的医疗护理	19	孕妇和哺乳妇女作为研究受试者
7	社区参与	20	灾难和疾病暴发的研究
8	研究与伦理审查的合作伙伴和能力建设	21	组群随机试验
9	能够给予知情同意的个人	22	健康相关研究利用网络环境和数码工具获取的数据
10	知情同意的变更与豁免	23	组建研究伦理委员会以及审查方案要求
11	生物材料及相关数据的采集、存储和使用	24	健康相关研究的公开责任
12	健康相关研究数据的采集、存储和利用	25	利益冲突
13	给受试者的报销和补偿	—	

近几年来，随着人工智能技术的迅猛发展，人工智能伦理治理也成为国际组织关注的焦点。2021 年 6 月，世界卫生组织发布《卫生健康领域人工智能伦理与治理指南》，确立了卫生健康领域使用人工智能技术的伦理准则及标准。2021 年 11 月，联合国教科文组织发布《人工智能伦理问题建议书》，成为首份人工智能伦理全球框架协议，该建议书提出保护人权和尊严，推进透明度和公平等基本原则，强调建立人工智能系统监督机制的重要性，对成员国制定人工智能伦理规范起到积极指导作用。2024 年 1 月，世界卫生组织发布《卫生领域人工智能的伦理与治理：多模态大模型指南》，为政府、科技公司和医疗保健提供者等不同群体合理利用多模态大模型技术提供伦理指南。2024 年 5 月，经济合作与发展组织修订《经合组织人工智能原则》，提出人工智能应促进包容性增长和可持续发展、尊重法律和人权、确保透明度和负责任的披露、保障稳健和安全运行，以及不断评估和管理潜在风险等原则。

二、主要国家科技伦理审查监管制度

世界主要国家和地区普遍参照世界卫生组织、联合国教科文组织、世界医学会、国际医学科学组织理事会等国际组织发布的伦理准则和指南文件，制定符合国际公认伦理准则和规范的科技伦理法规制度文件（部分国家和地区的制度文件见表 2-3）。综合来看，各国科技伦理制度文件包括法律法规、行政指导、标准指南、协会倡议等类型，主要集中在生命科学、医学、实验动物等领域。大数据、人工智能等新兴技术领域的伦理治理近年来备受各国关注，部分国家和地区已出台或正在制定相关制度规范。例如，欧盟 2018 年出台《通用数据保护条例》（GDPR），2019 年出台《可信赖的人工智能伦理准则》，2024 年出台《欧盟人工智能法案》。

表 2-3　部分国家 / 地区科技伦理相关法规制度文件

序号	发布 / 修订时间	文件名称	国家 / 地区
1	1974 年	《国家研究法案》	美国
2	2010 年	《新方向：合成生物学和新兴技术的伦理学》	美国
3	2005 年 /2010 年	《人类胚胎干细胞研究指南》	美国
4	2022 年	《人工智能权利法案蓝图》	美国
5	1988 年	《涉及人类研究的伦理行为》	加拿大
6	2010 年	《涉及人类研究的伦理审查》	加拿大
7	2019 年	《辅助人类生殖法》	加拿大
8	2002 年	《干细胞法》	德国
9	2007 年	《伦理委员会成立法》	德国
10	2009 年	《人类基因检测法案》	德国
11	1986 年	《动物（科学实验）法》	英国
12	2008 年	《人类受精与胚胎学法案》	英国
13	2016 年	《关于在动物中使用人体材料的指南》	英国
14	2017 年	《数据保护法案》	英国
15	2018 年	《科研伦理委员会管理办法》	英国
16	2000 年	《人类克隆技术规制法》	日本
17	2001 年	《关于人类基因组及基因解析研究的伦理指南》	日本
18	2010 年	《基于人类诱导性多能干细胞或人类组织干细胞的生殖细胞制作研究指南》	日本
19	2014 年 /2019 年	《关于特定胚胎处理的指导原则》	日本
20	2002 年	《禁止克隆法案》	澳大利亚
21	2007 年	《国家人类研究伦理行为声明》	澳大利亚
22	2005 年	《生物伦理与生物安全法》	韩国
23	2006 年 /2017 年	《涉及人类参与的生物医学和健康研究国家伦理准则》	印度
24	2024 年	《人工智能法案》	欧盟
25	2018 年	《通用数据保护条例》	欧盟
26	2019 年	《可信赖的人工智能伦理准则》	欧盟

总体来看，科技伦理制度文件主要包括审查类和监管类。审查类制度主要是规范科技伦理审查行为，以及伦理审查委员会的建设、运行和管理，包括伦理审查委员会建设指引、伦理审查标准操作规程（SOP）、协会倡议等制度文件。在伦理监管比较严格的国家（如英国），国家层面会出台统一的伦理审查标准操作规程（SOP），要求各类伦理审查委员会遵守。监管类制度主要是对从事科技活动的科研机构、科技伦理管理及审查机构、科研人员等进行监督管理的制度。

以下主要介绍美国、英国、日本、加拿大等国家的科技伦理审查和监管相关制度。

（一）美国

美国科技伦理监管法律法规主要有《联邦法规汇编》和《动物福利法》等。《联邦法规汇编》明确了生命医学、药物及医疗器械等领域的伦理监管要求,《动物福利法》则明确了实验动物领域的伦理监管要求。

在生物医学领域，1974 年美国卫生与公众服务部（HHS）首次将受试者保护条款正式写入《联邦法规汇编》（CFR）第 45 主题第 46 部分《保护受试者政策》（45 CFR 46）。1991 年美国卫生与公众服务部、农业部、能源部等 15 个联邦机构同意采纳《保护受试者政策》法规的相关规定，该法规被称为美国联邦受试者保护《通用规则》。《通用规则》适用于大多数由联邦政府资助的涉及人的研究，明确了美国各类机构审查委员会（IRB）所需遵循的相关法律要求，是涉及人的研究的主要伦理监管法律依据。

在药物及医疗器械等领域,《联邦法规汇编》（CFR）第 21 主题《食品和药品》提出了食品药品等领域的伦理监管要求。其中，第 50 部分《人类受试者保护》（21 CFR 50）主要是规制涉及人的相关临床试验和研究，第 56 部分《机构审查委员会》（21 CFR 56）对各类 IRB 提出了相关监管要求。

在实验动物领域，美国制定了一系列实验动物福利伦理法规制度，其中最重要的是联邦动物保护法——《动物福利法》，联邦其他机构制定实验动物福利伦理相关法规制度均需要以此为依据。例如,《卫生研究推广法》《检验、研究和教学中饲养管理和使用脊椎动物的法规》《实验动物饲养管理和使用手册》《卫生部关于人道管理和使用实验动物的公共卫生服务政策》等。

（二）英国

英国由英格兰、苏格兰、威尔士和北爱尔兰四个自治区域组成，在治理层面，有的科技伦理治理制度是全国通用的，有的则适用于某个或某几个自治区域。英国通用或适用范围较广的科技伦理审查监管制度主要集中在生命医学、实验动物、数据、人工智能、生态环境、社会科学等领域，主要监管法规制度见表 2-4。

表 2-4　英国科技伦理监管主要法规制度

科技领域	法规制度名称	适用区域
生命医学	《人类授精与胚胎法案（研究目的信息披露）条例》	全英国
生命医学	《人体组织法案》	全英国
生命医学	《人体组织法案（缺乏知情同意和移植能力的个人）条例》	全英国
生命医学	《人体组织法案（伦理批准、许可和提供移植信息的例外情况）条例》	除苏格兰外
生命医学	《医疗器械条例》	全英国
生命医学	《人用药物（临床试验）条例》	全英国
生命医学	《科研伦理委员会管理办法》	全英国
生命医学	《科研伦理委员会标准操作程序（SOP）》	全英国
实验动物	《动物（科学程序）法（ASPA）》	全英国
实验动物	《动物研究：体内实验报告指南（ARRIVE）》	全英国
数据伦理	《数据保护法案》	全英国
数据伦理	《英国通用数据保护条例》*	全英国
人工智能	《国家人工智能战略》	全英国
生态环境	《转基因生物（故意释放）条例》	全英国
社会科学	《（ESRC）研究伦理框架》	全英国

注：* 英国脱欧后欧盟《通用数据保护条例》被保留并作为《英国通用数据保护条例》（UKGDPR）实施。

科研伦理审查委员会和动物福利伦理审查委员会是英国两类最重要的伦理审查委员会。英国对科研伦理审查委员会监管的国家层面制度文件主要集中在生命医学领域，最重要的是《科研伦理委员会管理办法》和《科研伦理委员会标准操作程序》，前者是对科研伦理审查委员会监管的纲领性文件，后者是各科研伦理审查委员会普遍参考的标准操作程序文件。英国对动物福利伦理审查委员会监管主要依据《动物（科学程序）法》，英国皇家防止虐待动物协会和英国实验动物科学协会发布的《良好实践指导原则》，对动物福利伦理审查委员会开展包括实验动物福利伦理审查在内的各项工作具有重要指导作用。

（三）日本

1. 法律法规层面

日本制定的涉及科技伦理的法律主要有《人类克隆技术规制法》《限制使用转基因生物保护生物多样性法》《临床研究法》等。《人类克隆技术规制法》对使用人受精卵进行研究作出明确限制，禁止克隆人类的研究，并从法律角度要求文部科学省对“特定胚胎”的使用制定详细的指导原则。《限制使用转基因生物保护生物多样性法》规定了使用转基因生物开展研究的条件和程序。《临床研究法》规定临床研究执行与临床治疗试验同等的实施标准，研究计划须提交给厚生劳动省认定的“临床研究审查委员会”进行合规审查，临床研究中发生有害事件必须向认定审查委员会和厚生劳动省报告，厚生劳动省有权对发生问题的机构作出责令整改和处罚等决定。

2. 行政指导层面

文部科学省和厚生劳动省联合发布的《以人为对象的医学研究伦理指南》，将此前的《流行病学研究伦理指南》《临床研究伦理指南》两个文件整合，在更广义的范围内对生命医学科研伦理进行规范，确立科研机构必须要设立伦理委员会履行审查义务。

文部科学省发布的《关于特定胚胎的操作指南》《基于人类 iPS 细胞或

人类组织干细胞的生殖细胞制作研究指南》，以及文部科学省和厚生劳动省等部门联合发布的《关于人类基因组及基因解析研究的伦理指南》《使用转基因技术进行人类受精卵研究的伦理指南》，厚生劳动省发布的《医药品临床试验实施相关标准》等指南文件，对不同领域的伦理管理作出明确要求。

（四）加拿大

加拿大卫生部门于2010年发布的《涉及人类研究的伦理审查》，是加拿大研究伦理委员会运行的政策框架，该框架由卫生部副部长和公共卫生署首席卫生官批准，对加拿大生命医学领域涉及人的研究的伦理要求进行详细规定。《研究伦理委员会的业务政策框架》规范了开展伦理审查的各级研究伦理委员会的职权范围、成员资格、政策框架和操作程序等。

由加拿大国立卫生研究院、自然科学与工程研究理事会和社会科学与人文研究理事会三大机构联合发布的《涉及人类研究的伦理行为》，是涉及人的研究的伦理监管最重要规范文件，也是加拿大对涉及人类研究行为开展伦理管理的顶层制度，适用于加拿大几乎所有涉及人类研究的科研机构、高等院校和医疗系统，被视为法律补充型专业标准。

第二节

国外科技伦理监管主要模式

当前，世界主要国家和地区的科技伦理治理主要集中在生命医学和实验动物等领域，因生命医学和实验动物等领域的科技伦理监管相对成熟，本节主要阐述生命医学和实验动物等领域的科技伦理监管模式。人工智能等新兴技术领域的科技伦理监管在本章第五节介绍。

在监管层面，几乎所有国家和地区的科技伦理监管都以政府部门为主导，由国家或者政府行政部门制定相关科技伦理监管法律法规或者政策规范，政府行政部门及其内设或者下属相关机构负责科技伦理监管制度的细化落实及开展具体监管工作。有些国家设有国家层面的科技伦理委员会或者类似机构，为政府部门提供科技伦理监管的咨询建议。在执行层面，对科技活动的伦理监管主要通过各类伦理审查委员会的伦理审查和管理来实现。

总结分析发现，政府主导的科技伦理监管模式主要有政府行政部门主导和非政府行政部门主要参与，或者两种监管模式相互结合（见图 2-1）。

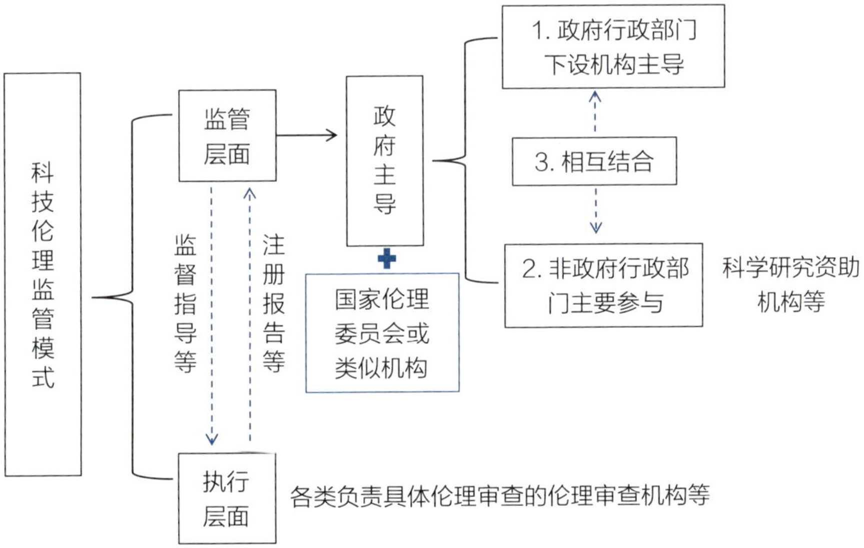

图 2-1　国外科技伦理监管模式

一、政府行政部门监管

政府行政部门的科技伦理监管主要体现在两个方面。一方面是建立完善监管制度，在落实科技伦理监管法律法规的同时，制定配套的监管政策或者行政指导。另一方面是建立完善监管机制，通常做法是在政府行政部门内部设置专门机构或者设立下级机构，对科研单位和科研人员的科技活动，以及伦理审查委员会的伦理审查等进行监管。

绝大部分国家针对涉及人的生命医学研究、药物和医疗器械临床试验、实验动物等领域的伦理监管由政府相关行政部门或者下设机构按领域开展。

（一）生命医学研究、药物和医疗器械临床试验

涉及人的生命医学研究通常由政府卫生行政部门作为主要监管部门，药物和医疗器械临床试验则由药监部门监管。例如，美国卫生部是生命医学领域的主要监管部门，美国涉及人的生命医学领域研究的伦理审查监管部门是美国卫生部下设的人类受试者保护办公室，该机构主要依据《联邦法规汇编》第 45 主题第 46 部分《保护受试者政策》开展监管。药物和医疗器械的临床试验监管部门是美国卫生部的美国食品药品监督管理局（FDA），其主要依据《联邦法规汇编》第 21 主题的第 50 部分《人类受试者保护》和第 56 部分《机构审查委员会》开展监管。美国科技伦理监管体系见图 2–2。

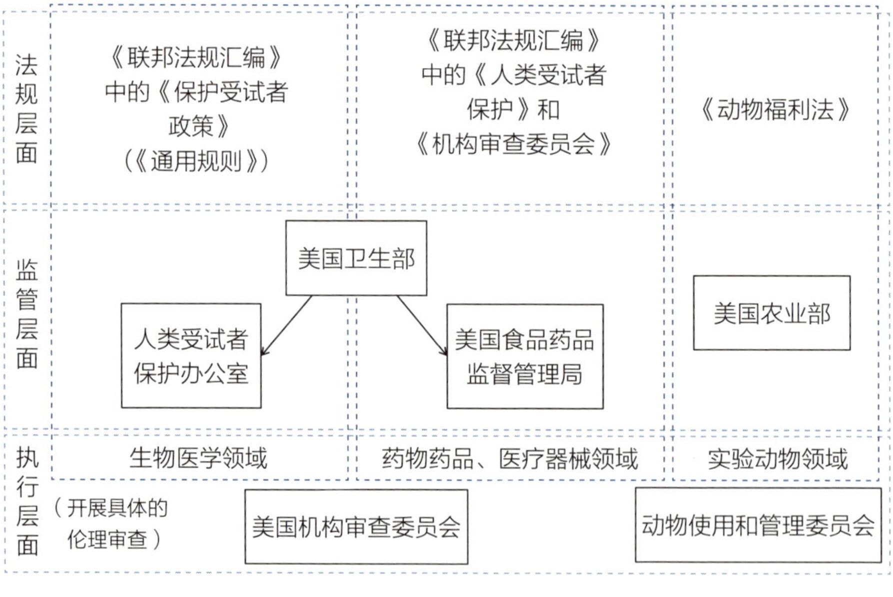

图 2–2　美国不同领域科技伦理的监管

英国涉及人的生命医学研究伦理监管部门是英国卫生部下属的英国卫

生研究局（HRA，兼英格兰地区）以及北爱尔兰、苏格兰、威尔士地区的相应权力部门。英国药物及医疗器械临床试验的监管主体是药品和健康产品管理局（MHRA）。

意大利临床研究领域的伦理监管部门是卫生部，药物和医疗器械临床试验伦理审查监管部门是意大利药品管理局（AIFA）。

（二）实验动物

各国实验动物领域伦理监管的政府行政部门比较多样，但主要集中在科技、卫生和农业等行政部门。

美国实验动物领域的伦理监管主要由农业部（USDA）负责。美国的实验动物伦理监管的最高一级管理机构是美国农业部，美国其他相关部门对各自主管领域内的实验动物伦理进行管理。与实验动物有关的科技活动，其实验计划书的审查和批准由研究机构各自设立的动物使用和管理委员会（IACUC）执行，IACUC 是实验动物伦理审查的最基层执行部门。

英国的实验动物监管部门是英国内政部，内政部内设的动物科学监管部门（ASRU）和下设的动物科学委员会（ASC）是重要的监管机构。

英国建有全国实验动物伦理监管体系

英国内政部负责全国实验动物监管，英国建立了依托动物科学委员会的“自上而下”的实验动物监管机制。动物科学委员会除向内政部提供实验动物监管建议外，还负责协助监管指导动物福利伦理审查委员会（AWERB）（具体负责本单位的实验动物伦理审查和管理等工作），并通过国家动物福利伦理审查委员会网络加强对各地区的交流与指导。国家动物福利伦理审查委员会网络覆盖英国 14 个区域，每个区域设有一个区域中心（regional Hubs），动物科学委员会在每个区域指派一名动物福利伦理审查委员会分委员会小组成员，作为区域联络点参与本区域的交流，并及时与动物科学委员会保持沟通（见图 2-3）。

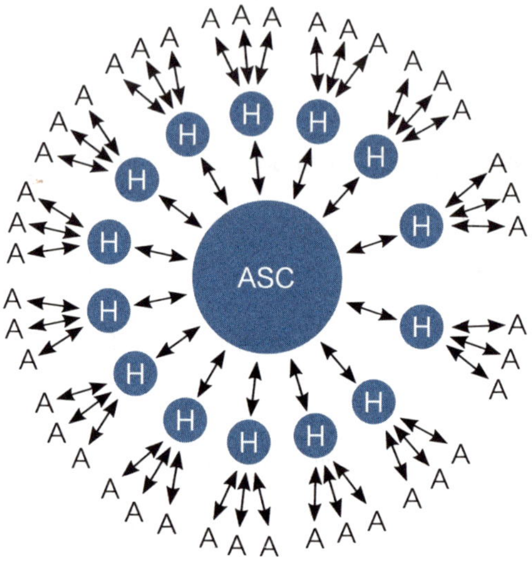

图 2-3　英国国家动物福利伦理审查委员会网络交流机制（H 代表区域中心，A 代表动物福利伦理审查委员会）

国家动物福利伦理审查委员会网络将全国动物福利伦理审查委员会与动物科学委员会紧密联系在一起，不仅方便了对各动物福利伦理审查委员会贯彻落实实验动物法律法规及内政部相关监管要求的指导，还可以更加便捷地使各动物福利伦理审查委员会的问题、建议等直接反馈至动物科学委员会，进一步反馈至内政部，形成了动物福利伦理审查委员会与中央政府的高效沟通机制。

日本实验动物监管部门主要是文部科学省，同时也涉及厚生劳动省和农林水产省等部门，但日本的实验动物管理主要以行业协会管理为主。

二、非政府机构监管

开展科技伦理监管的非政府部门绝大部分是政府部门下设的或者带有政府部门属性的科研项目资助管理机构。这类机构主要是对其资助的科研项目开展伦理监管。比较典型的是英国研究理事会、欧盟科研和创新框架计划。

（一）英国研究理事会的科技伦理监管

英国财政资助研究项目科技伦理监管由英国国家科研与创新署（UKRI）下设的英国研究理事会（RCUK）负责。英国研究理事会下设7个研究理事会，分别是生物技术与生物科学研究理事会（BBSRC）、自然环境研究理事会（NERC）、科技设施研究理事会（STFC）、英国医学研究理事会（MRC）、工程与自然科学研究理事会（EPSRC）、经济与社会研究理事会（ESRC）、艺术和人文科学研究理事会（AHRC）。7个研究理事会分别对各自资助领域的伦理监管负责，除遵循英国伦理相关的法律法规及规范性文件外，7个研究理事会的伦理监管制度及措施见表2–5。

表2–5　英国7个研究理事会的伦理监管制度及措施

理事会	伦理监管文件	除法律法规要求外的监管措施
BBSRC	《BBSRC研究资助指南》	申请人及内部审核机构告知涉及的伦理问题，由生物科学社会战略咨询小组协调解决伦理问题，问题解决前不得资助
NERC	《良好科研行为和科研诚信》	以问答形式指导项目申请人遵守伦理要求。出台年度指导
STFC	《STFC伦理政策》	STFC基层负责人审查项目伦理问题，若严重，则报上级负责人评估，无法评估的，转至STFC伦理委员会审查
MRC	《申请指南》《审查指南》	设立法规支持中心（RSC）提供伦理法律查询指导服务

续表

理事会	伦理监管文件	除法律法规要求外的监管措施
EPSRC	《卫生保健科研诚信-伦理》	所有项目均须明确回答是否涉及伦理问题，缺乏伦理描述或信息不足无法审查的，将不予资助
ESRC	《研究伦理框架》	对项目申请人和机构提出明确的伦理审查和管理具体要求
AHRC	《研究资助指南》	提出数据收集、发布、存储需遵守伦理和法律要求

（二）欧盟科研和创新框架计划的科技伦理监管

欧盟科研和创新框架计划（以下简称“框架计划”）对其资助项目的科技伦理监管自第 6 框架计划开始逐渐加强，第 6 框架计划研究提出了负责任研究创新的理念，自第 7 框架计划开始，要求项目申请时必须将伦理考量贯穿在其资助过程中，尤其是“地平线 2020”计划（第 8 框架计划）将伦理监管放在非常重要的位置，要求所有受资助的项目在申请时都需进行伦理评价（Ethics Appraisal）。目前正在实施的“地平线欧洲”计划（第 9 框架计划）基本延续了“地平线 2020”计划的伦理监管要求。

以“地平线 2020”计划为例，伦理评价程序分为伦理自评价、伦理审查、伦理检查和审核三个环节（图 2-4）。

1. 伦理自评价

项目申请人提交申请前，必须根据伦理自查项目进行伦理自评价，并完成伦理议题表，同申请材料一起提交。如果研究中含有一个及以上的伦理问题，申请人必须明确以下问题：提供已获得的伦理委员会意见、通知或授权的副本，并回答项目开展如何满足所在国家或地区的法律和伦理要求；详细论述研究对象、研究方法、潜在影响；项目处理伦理问题的方案。

2. 伦理审查

侧重于审查项目遵守伦理准则和标准、获得国家授权和伦理批准、方案合理性、对伦理和社会影响的认识等内容。伦理审查分为伦理筛查和伦

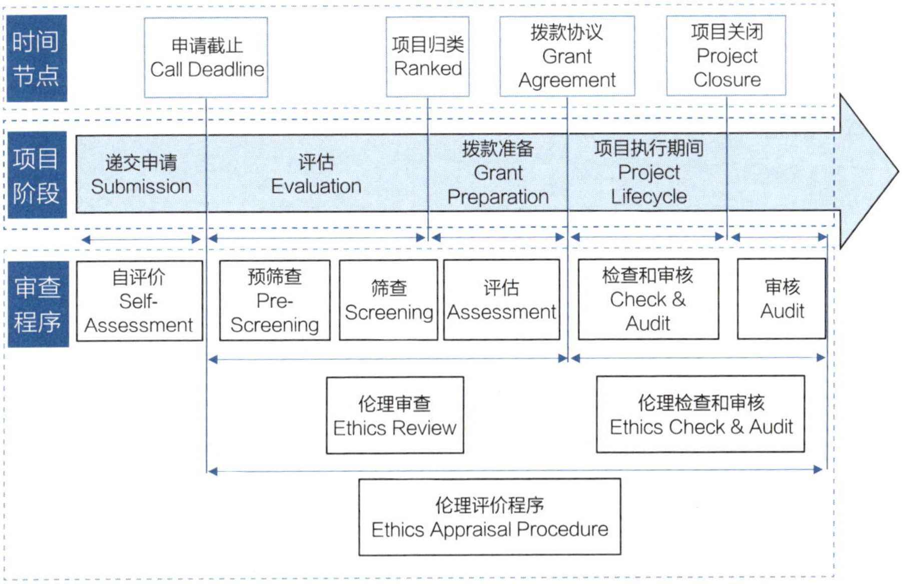

图 2-4　欧盟“地平线 2020 计划”中的研究伦理评价程序

理评估两个阶段。

第一阶段，伦理筛查。伦理筛查是在学术评价后进行的。如果项目申请未提出伦理问题，则评审专家根据申请人提交的《伦理议题表》进行伦理预筛查。伦理预筛查旨在列出潜在的伦理问题，但不进行评估。如果确认了至少一个伦理问题，需对该申请进行全面伦理评价。如果项目涉及对人类的严重干预，专家会建议进行下一阶段的全面伦理评估。涉及使用人类胚胎干细胞等伦理风险较高的研究自动进入下一阶段。

第二阶段，伦理评估。伦理评估是对研究申请中的伦理问题更深入的分析评价，可将伦理筛查的结论考虑在内。

3. 伦理检查和审核

伦理检查和审核程序通常在项目开展过程中执行，也可由欧盟委员会要求启动。伦理检查依据申请人及利益相关方提供的信息进行，申请人及利益相关方可应邀参与相关问题的讨论，也可现场访谈。伦理检查和审核可以作为修改资助授权协议的参考依据，根据伦理问题的处理、预防、纠正等情况，采取不同的管理举措，例如，视具体情况采取减少拨款、终止拨款等措施。

三、政府行政部门与非政府机构共同监管

政府行政部门下设机构与非政府性质的机构互相结合开展科技伦理监管，主要特点是政府部门及其下设机构作为伦理监管制度和监管主体开展伦理监管的同时，一些非政府机构（既包括科研项目资助管理机构，又包括一些协会组织）参与整个国家科技伦理的监管。最典型的国家是加拿大。

加拿大建立了一套从政府机构到非政府组织，从科研项目资助管理机构到研究院所、研究型大学的多机构协同、全方位监管联动的监管体系。

政府部门主导方面，加拿大卫生部（HC）是最高科技伦理监管部门，HC 的战略政策司设有科学政策指导处，下设新兴科学政策小组和研究伦理委员会秘书处等机构。新兴科学政策小组负责制定生命医学新兴技术领域相关的伦理政策。研究伦理委员会秘书处在提供政策支持的同时，还为 HC 和加拿大公共卫生署（PHAC）系统的伦理审查委员会提供行政支持。

科研项目资助方面，加拿大国立卫生研究院（CIHR）、加拿大自然科学与工程研究理事会（NSERC）和加拿大社会科学与人文研究理事会（SSHRC）是加拿大政府支持科学研究与技术开发的三大拨款机构（简称“三大拨款机构”），三大拨款机构除负责制定完善全国遵循的科技伦理政策文件外，还负责对生命医学领域的伦理监管。其中，加拿大国立卫生研究院还是负责监管伦理审查委员会（REB）执行审查的重要机构。加拿大国家研究理事会（NRC）设有高级伦理官和专门的研究伦理委员会（NRC-REB），针对“产业研究辅助计划（IRAP）”等资助项目开展伦理指导和监管。

非政府性质的组织机构方面，独立的非政府组织加拿大国家人类研究

伦理委员会（NCEHR）由加拿大卫生部、加拿大国立卫生研究院、加拿大皇家内外科医学院赞助组建，其成员以志愿者的工作方式运行，业务范围涵盖加拿大所有涉及人类的研究，致力于保护和促进涉及人类研究中参与者的权益，并推动研究符合高标准的伦理规范，建有“人类研究保护计划认证体系”，为全国的伦理审查委员会（REB）提供解释和实施伦理政策、建立标准等服务。还有一些独立的非政府组织承担了科技伦理的社会监督责任，如加拿大研究伦理委员会协会（CAREB）是由 REB 专业人员组建的社团组织，以志愿者形式支持开展有关工作，包括组织和举办全国范围的年度会议，对国家有关政策进行讨论和回应，制定 REB 职业指导性文件以及促进职业教育和对外联络的有关举措等。其他机构还有致力于生命伦理学研究的加拿大生命伦理学会（CBS）、提供个性化服务的伦理审查代理机构 Veritas IRB 组织、提供网络在线交流平台的加拿大伦理执业者协会等。

第三节

国家层面科技伦理委员会的职能

国家层面的科技伦理委员会在科技伦理治理中扮演着重要角色，在提出科技伦理治理咨询建议、参与科技伦理制度建设和审查监管等方面发挥着重要作用。笔者团队研究分析了 75 个国家和地区的 115 个国家层面的科技伦理委员会或类似机构（以下简称“国家伦理委员会”）相关信息，分析了国家伦理委员会的类型及其角色作用，以期对我国国家科技伦理委员会有所借鉴。

一、国家层面科技伦理委员会的类型

（一）按职能划分为参与监管和专家咨询两类

从职能看，国家伦理委员会分为参与监管和专家咨询两类，以专家咨询类数量最多，占 59.1%。参与监管类委员会主要指具有行政监管和伦理审查等职能的委员会，其中，行政监管职能主要包括作为行政性机构制定政策并开展监管、认证及监督伦理审查委员会等，此类委员会占比为 25.2%；伦理审查职能是指开展具体科技活动的伦理审查等，多见于小国和部分伦理审查较严格的国家，此类委员会占比为 31.3%，有的国家层面伦理委员会兼具上述两类职能。专家咨询类委员会主要是独立咨询性质的学术性、专业性专家机构，以提供咨询建议为主，占比为 59.1%。少数国家的委员会本身为专家咨询类，但其下设的分委员会为参与监管类，例如，塞浦路斯、爱尔兰等。

（二）按领域划分为综合性和专业性两类

从类型看，国家伦理委员会分为综合性和专业性两类，专业性委员会中生命医学领域委员会数量最多，占 80.9%。综合性委员会指涉及多学科科技伦理的委员会，这类委员会通常更重视科技伦理治理，绝大多数为发达国家和地区，占比为 11.3%。专业性委员会数量最多，其中生命医学类委员会有 93 个，占比为 80.9%；其他类委员会共 9 个，占比为 7.8%，包括生物技术 4 个，实验动物 1 个（芬兰），数据伦理 1 个（丹麦），人类遗产、社会科学及科研诚信各 1 个（挪威）。

二、国家层面科技伦理委员会的主要职能

（一）向政府部门提供科技伦理治理咨询建议

绝大部分委员会都会向政府部门提供关于科技伦理治理立法或监管的

咨询建议、特定领域科技伦理咨询报告等，为政府部门开展伦理立法、制定政策措施等提供决策参考，这些政府部门通常包括总统（理）、国（议）会、科技、教育、卫生、药监等部门。美国（历届总统设立国家生命伦理咨询委员会，自特朗普起不再设立）、奥地利、希腊、韩国等国家的委员会直接向总统（理）报告，荷兰、葡萄牙等国家的委员会向国（议）会报告，其他国家和地区的委员会向其上级主管部门报告，其中以向卫生部门报告为主。

（二）参与或负责生命医学等领域伦理的监督管理

一是针对特定领域（如基因技术、临床试验审批等）行使相关行政权力。挪威国家科研伦理委员会是处理科技伦理问题的独立行政机构；芬兰基因技术委员会是使用转基因生命技术的主管机构；罗马尼亚国家药品和医疗器械委员会是负责临床试验药物伦理审查的主管机构；丹麦医学研究伦理委员会与丹麦药品管理局合作处理药品临床试验和医疗器械注册申请。

二是负责伦理审查委员会的注册、认证和监管等。巴西国家研究伦理委员会负责伦理审查委员会注册、认证和监管；南非国家卫生研究伦理委员会负责生命医学和实验动物领域伦理审查委员会的注册和监管；乌拉圭国家研究伦理委员会负责伦理审查委员会认证和监管。

三是开展特定领域具体科技活动的伦理审查。多见于伦理审查较严格的国家，此类委员会占比为 31.3%。德国中央干细胞研究伦理委员会审查评估人类胚胎干细胞的应用；匈牙利国家临床药理学伦理委员会和国家人类生殖伦理委员会分别开展各自领域科技活动的伦理审查。

此外，有的委员会兼具上述三种职能，例如，荷兰人类受试者研究中央委员会、爱尔兰国家研究伦理委员会等。

（三）协调或指导各类伦理审查委员会

部分生命医学领域的委员会负责协调或指导国内各区域伦理审查委员会、科研机构的伦理审查委员会开展具体伦理审查和管理工作，并作为上诉机构协调处理伦理审查结果异议等，多见于欧洲国家。丹麦国家伦理委员会负责协调指导丹麦 12 个区域伦理委员会的工作，作为上诉机构决定区域伦理委员会审查异议，丹麦国家医学研究伦理委员会具有伦理审查复议权；挪威国家医学与健康研究伦理委员会是 7 个区域伦理审查委员会的咨询协调和上诉机构，对区域、机构伦理审查委员会进行监督评估；荷兰、阿尔及利亚等国家的委员会可应伦理审查委员会的请求，处理或审查特别敏感或重大伦理问题。

（四）制定发布科技伦理监管规范或指南性文件

部分参与监管类的委员会参与或负责制定该国的科技伦理监管规范文件，例如，俄罗斯、瑞士等。绝大部分国家的委员会研究制定特定领域的伦理指引、声明、意见，以及相关法律文件落实指南等伦理指南性文件。挪威国家科学技术研究伦理委员会发布《科学技术研究伦理指南》《科研中使用动物伦理指南》；德国伦理委员会发布《人类与机器——人工智能的挑战》《关于可遗传人类基因组编辑伦理的联合声明》；丹麦数据伦理委员会发布《数据伦理后果分析》《关于在公共场所使用面部识别的建议》；瑞士国家生命医学伦理咨询委员会发布《〈生殖医学法〉植入前诊断指南》；西班牙生命伦理委员会发布《新冠疫情下健康数据和生物样本研究的伦理法律要求》；澳大利亚健康伦理委员会发布《人类研究伦理指南》；意大利国家生命伦理委员会不定期发布针对特定议题的伦理意见，并按年度或专题汇编后在官网公布。

（五）面向不同群体组织科技伦理研讨交流及辩论

绝大部分欧洲国家的委员会将促进对特定领域伦理问题的研讨交流及社会辩论作为一项重要责任。德国伦理委员会每年举办“生命伦理学论坛”等活动促进公众辩论，并向德国联邦议院和联邦政府报告；芬兰的 6 个委员会均有责任在社会上促进对其领域伦理问题的讨论，各委员会还共同组织研究伦理研讨会；法国国家生命科学与健康伦理咨询委员会每五年组织一次生命伦理大会让来自各领域的公众公开辩论，并将辩论结果提交至法国议会；比利时生命伦理咨询委员会按法律要求在其官网对每项使用转基因生物临床试验申请开展为期 30 天的公众咨询。

（六）通过多种方式开展科技伦理教育和宣传

绝大多数国家的委员会通过出版伦理宣传材料、开发伦理教育资源及编写伦理教材、发布伦理议题等方式，面向政府、伦理从业者、科研人员和公众等群体开展伦理教育和宣传。奥地利生命伦理委员会出版《气候危机伦理挑战》《关于 COVID-19 疫苗的伦理问题》；挪威国家科研伦理委员会创办《科研伦理》期刊，每年出版 2—4 期，可在其官网免费下载；希腊国家生命与技术伦理委员会创办《生命伦理学》期刊，并创立伦理图书馆；原美国国家生命伦理咨询委员会编写教材供从业者及公众查阅；比利时生命伦理咨询委员会开发医疗保健伦理课程供学生、教师和相关从业者学习参考；丹麦数据伦理委员会开发伦理教育资源、出版教材，面向包括中小学生在内的各类群体开展伦理宣传教育活动，例如出版《在小学为儿童和青少年教授数据伦理课程》等。

（七）组织开展科技伦理对外交流与合作

各国均有至少一个委员会代表该国参加欧洲研究伦理委员会网络（EUREC）、联合国教科文组织国际生物伦理委员会（IBC）、世界卫生组织等组织的伦理会议或论坛，开展伦理对外交流与合作。北欧国家还定期召开北欧生命伦理委员会（NCBIO）会议，促进北欧国家间的伦理交流与合作，并在国际上提出北欧国家的生命伦理观点等。

第四节 国外对伦理审查委员会的监管

科技伦理审查的执行主体是各类负责开展伦理审查的伦理审查委员会。伦理审查委员会的主要职责是审查科技活动研究方案是否符合伦理原则和有关要求，确保研究参与者的安全、健康和权益得到保护，伦理审查委员会的审查活动不受科技活动组织和实施者的干扰或影响。在我国现有科技伦理治理文件中，这类委员会统称为“科技伦理（审查）委员会”。各国对伦理审查委员会的称呼不同，例如，美国称为机构审查委员会（IRB），英国和加拿大称为研究（或科研）伦理委员会（英国为 REC、加拿大为 REB），德国称为医学伦理委员会，澳大利亚称为人类研究伦理委员会（HREC）。国际组织和部分国家对伦理审查委员会的叫法见表 2-6。

表 2-6　国际上对伦理审查委员会的叫法

国家 / 组织	译名	原名	简称
美国	机构审查委员会	Institutional Review Boards	IRB
英国	研究伦理委员会	Research Ethics Committees	REC
加拿大	研究伦理委员会	Research Ethics Boards	REB
德国	医学伦理委员会	Medizinischer Ethik-Kommissionen	—
俄罗斯	伦理委员会	Комитет по этике	—
西班牙	研究伦理委员会	Comité de Ética de la Investigación	CEI
澳大利亚	人类研究伦理委员会	Human Research Ethics Committee	HREC
日本	伦理审查委员会	倫理審查委員会	—
巴西	伦理审查委员会	Comitê de Ética em Pesquisa	CEP
WHO	研究伦理审查委员会	Research Ethics Review Committee	ERC

一、伦理审查委员会审查监管制度

发达国家主要通过制定法律法规、政策规范及行政指导文件等手段，对伦理审查委员会开展监管。有的国家更侧重用法律法规的手段实施监管。例如，美国针对涉及人的生命医学研究的伦理审查委员会的监管主要依据《联邦法规汇编》（CFR）第 45 主题第 46 部分《保护受试者政策》（45 CFR 46），针对药物及医疗器械临床试验的伦理审查委员会的监管主要依据《联邦法规汇编》（CFR）第 21 主题第 56 部分《机构审查委员会》（21 CFR 56）。有的国家在法律法规的基础上，由政府行业主管行政部门及其下设机构制定针对伦理审查委员会的监管和伦理审查标准操作规程的制度。如英国卫生部下属的英国卫生研究局（HRA，兼英格兰地区）以及北爱尔兰、苏格兰、威尔士地区的相应权力部门联合制定《科研伦理委员会管理办法》《科研伦理委员会标准操作程序》，这两个文件是英国对伦理审查委员会进行监管的主要制度文件。

二、伦理审查委员会注册登记及认证制度

主要国家通过注册登记及认证等方式对伦理审查委员会进行监管，保证伦理审查委员会的资质及合规性。美国实行伦理审查委员会注册制。美国所有的伦理审查委员会（包括私立营利性质的伦理审查委员会）均需向美国卫生部（HHS）下设的人类受试者保护办公室（OHRP）提交伦理审查委员会注册表进行审批注册。注册有效期为 3 年，到期后必须重新注册。同时，研究机构须向提供资助的联邦政府部门提交书面保证并获得联邦范围合规保证（FWA），保证其遵守伦理审查的相关要求。书面保证材料同时还须提交人类受试者保护办公室（OHRP）备案存档。日本厚生劳动省委托隶属内阁府管理的日本医疗研究开发机构（AMED）对各大医院和医疗科研

机构的伦理审查委员会的资质进行审核和认定。德国依据《伦理委员会成立法》要求医院或大学等机构或组织设立的伦理审查委员会须经注册后才能正式行使职责。澳大利亚国家健康与医学研究理事会（NHMRC）负责人类研究伦理委员会（HREC）的注册。印度药物临床试验伦理委员会在中央药品标准控制组织（CDSCO）注册，其他生命医学伦理委员会在卫生研究部（DHR）注册。英国、爱尔兰等实行认证许可制度，开展药物临床试验伦理审查的伦理审查委员会需经过认证后获得许可，获得许可的伦理审查委员会通常不依托具体科研机构，按照相对较高的标准独立开展伦理审查。部分国家的伦理审查委员会注册登记及认证制度见表 2-7。

表 2-7　部分国家的伦理审查委员会注册登记及认证制度

国家	注册登记机构	注册登记及认证制度
美国	美国卫生部（HHS）下设的人类受试者保护办公室（OHRP）	机构审查委员会向 OHRP 注册并获得联邦范围合规保证（FWA），注册在美国卫生部审核和接受后生效，注册有效期为 3 年
英国	英国伦理委员会管理局（UKECA）	英国有“获得认可的科研伦理审查委员会”和“获得授权的科研伦理审查委员会”两类主要伦理审查委员会，“获得认可的 REC”由 UKECA 负责建立和认可，废除或撤销
巴西	国家研究伦理委员会（CONEP）	伦理审查委员会（CEP）通过 CEP/CONEP 系统进行注册认证，认证有效期为 3 年，到期后仍需通过该系统续期
澳大利亚	健康与医学研究理事会（NHMRC）	人类研究伦理委员会（HREC）可直接在 NHMRC 网站提交信息注册，NHMRC 审核通过即获得注册
南非	国家卫生研究伦理委员会（NHREC）	卫生研究伦理审查委员会（HREC）和动物研究伦理审查委员会（AREC）需要在 NHREC 注册，NHREC 每 5 年进行 1 次审计，评估其是否符合国家指导方针、政策和标准操作程序等
巴拿马	国家研究生命伦理委员会（CNBI）	CNBI 负责监督和认可机构研究伦理委员会（CBIA），只有通过认可的 CBIA 才能审查和批准研究活动

三、科技伦理监管信息化平台建设

目前，世界各国的科技伦理监管信息化建设主要有临床试验注册平台和政府机构官方网站等形式，最主要的形式是临床试验注册平台。经过多年的监管实践，建立临床试验注册平台是伦理监管的有效抓手。相关国际组织和主要国家或地区建立了临床试验注册平台。例如，世界卫生组织（WHO）的国际临床试验注册平台（WHO ICTRP）、英国国立研究注册库（BNNR）、美国临床试验注册平台（ClinicalTrials.gov）、澳大利亚临床试验注册平台（ACTR）等。本部分以 WHO 和美国为例，介绍科技伦理监管信息化平台建设情况。

（一）世界卫生组织国际临床试验注册平台（WHO ICTRP）

世界卫生组织国际临床试验注册平台（WHO ICTRP）旨在用于确立符合伦理和科学要求的国际临床试验注册标准与规范，保证涉及卫生保健决策的所有人员均能完整地查看研究情况，创建一个公开、公正、共享的综合性国际临床研究注册平台有利于保障临床研究的质量，提高临床试验信息的真实性并实现研究结果透明化，避免人力与物力的浪费。

WHO ICTRP 由注册网络（Registry Network）和一站式检索入口（Search Portal）两部分组成。其中，注册网络由一级注册机构（Primary Registry）、二级注册机构（也叫合作注册机构，Partner Registry）、数据提供方（Data Providers）和“与 ICTRP 合作争取成为 WHO 一级注册机构的注册中心”（Registries working with the ICTRP towards becoming Primary Registries）组成（见图 2-5）。注册网络主要涉及临床试验信息注册及提交，一站式检索入口可以检索和查询正在进行和已经完成的临床试验信息。

2004 年 10 月，各国卫生部门一致推荐由世界卫生组织领导建立全球的临床试验注册制度，并建立国际临床试验注册平台，对符合条件的各国注册机构进行认证，成为世界卫生组织国际临床试验注册平台的一级注册机

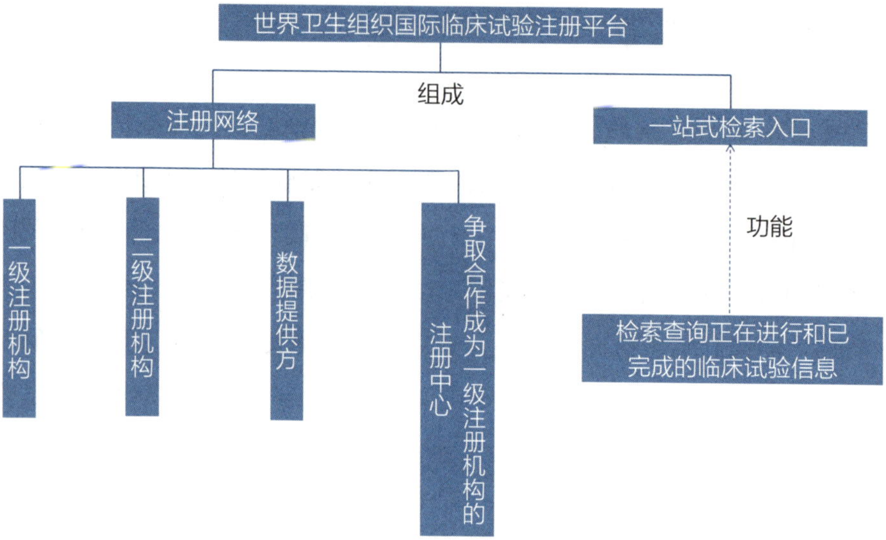

图 2-5　世界卫生组织国际临床试验注册平台的组成结构图

构；由一级机构和世界卫生组织国际临床试验注册平台认证二级注册机构。获得认证的一级和二级机构负责临床试验的注册，已完成注册的临床试验资料由一级注册机构上传到 WHO ICTRP 的中央数据库。

临床试验注册的申请人需在招募第一个受试者之前，将详细信息直接提交给 WHO 注册网络中的任何一个一级注册机构或国际医学杂志编辑委员会（ICMJE）认可批准的注册管理机构。一级注册机构再向 WHO ICTRP 中央数据库提交资料。

（二）美国科技伦理监管信息化主要平台

美国重要的科技伦理监管信息化平台主要有两个，一个是美国的临床试验注册平台（ClinicalTrials.gov），另一个是美国人类研究保护办公室（OHRP）官方网站。

1. 美国临床试验注册平台（ClinicalTrials. gov）

ClinicalTrials.gov 是由美国食品药品管理局（FDA）、美国国家医学图书馆（NML）、美国国立卫生研究院（NIH）、美国国家生物技术信息中心

（NCBI）共同建立的平台。该平台是国际上最重要的临床试验注册平台之一，已登记注册美国及 200 多个国家和地区的临床研究。

ClinicalTrials.gov 登记的临床研究类型有涉及人类的、生命健康相关的、需要进行伦理审查的和其他法律法规要求的研究。这些研究可以分为两大类，分别是临床医学研究（clinical trials，有的也翻译为干预性研究，例如药物、行为或医疗设备等涉及人的研究）和观察性研究（observational studies，主要指涉及与受试者或参与者的健康、习惯、生活环境等相关的数据、数据收集等方面的研究）。另外，ClinicalTrials.gov 也注册登记拓展性应用（expanded access）的相关信息。

登记注册一个完整的临床试验方案需要提交的信息几乎包括了临床试验的所有方面（见表 2-8）。

表 2-8　ClinicalTrials.gov 注册登记需提交的信息

序号	注册类别	主要内容
1	研究认证	临床研究设计方案唯一识别号
		研究方案题目
		研究设计的类型（干预性、观察性或拓展应用）
2	研究状态	最近一次核查试验方案的日期
		招募情况或拓展性应用状况
		研究开始日期
		初步 / 研究完成日期
3	受试者审查信息	伦理审查委员会信息：方案审批情况、委员会授予的序列号、委员会名称、隶属组织、联系方式等
		数据督查委员会信息：是否指定数据监督委员会
		官方监管机构信息：国际或国家卫生部门名称
4	组织者信息	责任方、主办方（申办方）及合作方等相关基本信息
5	FDA 相关信息	已经获批的 FDA 相关登记注册信息

续表

序号	注册类别	主要内容
6	方案说明	研究摘要：公开的方案简介
		详细说明：研究方案详细描述
7	分组和干预	试验各组的名称和类型，对于干预性研究予以详尽说明
8	研究条件和关键词	研究条件或研究重点：针对的主要疾病等
		关键词
9	受试者选择	目标人群来源、抽样方法、性别年龄限制等
10	研究方案的分中心信息和研究者信息	研究分中心信息：分中心名称、地址、招募情况
		研究者信息：分中心联系人、试验总联络人、联系方式等
11	相关信息	参考文献及网络链接等

2. 美国人类研究保护办公室（OHRP）官方网站

美国人类研究保护办公室（OHRP）是美国卫生和人类服务部（HHS）下辖部门。OHRP的官网分为简介、法规与政策、教育与推广、合规与报告、新闻、注册伦理审查委员会（IRB）并获取联邦范围合规保证（FWA）、人类研究保护秘书咨询委员会（SACHRP）、国际项目八个板块。

其中，“教育与推广”板块提供现行规则查询、在线教育课程、教育宣传资料、即将举行的线下教育活动信息等。“合规与报告”板块详细介绍了伦理审查的程序、决议类别、评估机构的合规监督程序、投诉方法等，并提供决议书等函件的查询。

该网站之所以被看作一个信息化平台，是因为在“IRB注册和FWA获取”板块可以进行机构伦理审查委员会（IRB）的注册和联邦范围合规保证（FWA）的申请提交。同时提供相关说明文件、协议文档和申请表格的查询和下载。此外，OHRP还建立了专门的开放数据库，提供已注册的机构伦理审查委员会和已批准的联邦范围合规保证文件的查询服务。

第五节

新兴技术领域科技伦理治理

当前，各国主要关注的新兴技术包括人工智能、大数据、自动驾驶、生物工程、区块链、数字平台等。随着新兴技术领域的快速发展，其带来的伦理问题越来越受到关注。目前，科技伦理监管制度主要集中在生命医学、实验动物等领域，欧盟等少数国家和地区出台了人工智能、数据伦理等监管制度，多数国家和地区以协会自治、倡议及指南性文件规范新兴技术领域科技活动的伦理问题。美国、英国等越来越多的国家和地区正在加紧制定人工智能等新兴技术领域的监管制度，新兴技术领域的科技伦理治理正在逐渐走向制度化。

一、人工智能、大数据技术领域伦理治理

（一）政府部门制定科技伦理指导文件

近几年来，美国、欧盟、英国、德国、日本等国家和地区的政府部门积极开展人工智能、大数据等新兴技术伦理治理制度规范研究，拟通过制定科技伦理相关指导性文件，促进和规范人工智能等新兴技术领域健康发展。

2019 年 10 月，美国国防创新委员会发布《人工智能原则：国防部人工智能应用伦理的若干建议》，提出“负责、公平、可追踪、可靠、可控”五大伦理原则，旨在为美国国防部在人工智能设计、开发和应用方面提供伦理指导。美国政府科学技术政策办公室（OSTP）2022 年 10 月发布《人工智能权利法案》，该法案蓝图反映了拜登政府对私营公司和政府机构鼓励采用人工智能技术的原则设想，指导人工智能系统的设计、使用和部署，以

减轻涉及数据隐私、算法歧视和自动化系统使用的风险，旨在保护人工智能时代美国公众的利益。

欧盟非常重视人工智能、数据伦理规范的研究制定，试图通过构建人工智能伦理框架来成为国际人工智能伦理规范的引领者。2018 年 5 月，欧盟出台《通用数据保护条例》（GDPR），对收集、传输、保留或处理涉及欧盟成员国的个人信息进行规范。2019 年 4 月，欧盟发布《可信赖的人工智能伦理准则》，阐释了可信赖的人工智能伦理框架及建议的实现路径，明确提出人的自主与监督，可靠性和安全性，隐私和数据治理，透明度，多样性、非歧视性和公平性，社会和环境福祉，可追责性等 7 项人工智能伦理准则。

欧盟《可信赖的人工智能（AI）准则》提出 7 项 AI 准则

1. 人的自主与监督。AI 应当增强人的自主性和保障人的基本权利，确保 AI 不会削弱人的自主性或者造成其他不利影响。

2. 可靠性和安全性。所用算法必须具有可靠性和安全性，完全能够应对和处理各种错误结果，AI 的决定必须是准确的、可重复的，具有可验证的安全性。

3. 隐私和数据治理。必须确保人对自己的数据拥有完全控制权，并确保不会因这些数据而受到伤害或歧视；必须保证数据的完整性，严格管控其数据访问。

4. 透明度。应当具有可追溯性、可识别，应当提供其组织化的决策过程、系统设计选择、应用等理由，应当以适当方式充分披露给不同的利益相关者。

5. 多样性、非歧视性和公平性。AI 开发商在开发过程中应当建立多样化的设计团队，建立保障参与机制，避免无意识的偏见、不完整性和不良治理模型造成的影响。

> 6. 社会和环境福祉。要认真考虑 AI 对社会公共治理活动、人的社会技能等的影响，以及对人类和其他生物的环境影响，鼓励 AI 的可持续性和生态保护责任。
>
> 7. 可追责性。应当建立责任机制，确保人们能够对 AI 及其结果进行追责，应当具有可审核性并确保人们能够容易获得相关评估报告。

2024 年 3 月，欧洲议会正式通过欧盟《人工智能法案》，该法案于同年 5 月 21 日获得欧盟理事会正式批准，成为世界上第一部综合性人工智能法案。该法案包括人工智能系统在欧盟市场上的投放服务和使用统一规则、禁止类人工智能行为、对高风险人工智能系统的具体要求以及此类系统运营商的义务、某些人工智能系统的统一透明度规则、通用人工智能模型投放市场的统一规则、市场监督治理和执法的规则、支持创新措施等内容。该法案还提出人工智能系统风险分级管理要求，根据对用户和社会的潜在影响程度将人工智能系统分为不可接受风险、高风险、有限风险、最小风险 4 类。该法案获批后，欧盟宣布成立人工智能办公室（隶属于欧盟委员会），依法对人工智能发展进行监管，并负责监督该法案在各成员国的执行情况。

英国下议院科学与技术委员会 2016 年发布《机器人技术和人工智能》，该报告旨在为机器人技术和人工智能系统发展提供伦理指导和监管政策建议。2018 年英国，文化、数字、媒体和体育部发布《数据伦理框架》，对如何在公共部门使用数据制定原则，为构建或购买新数据技术时的透明度和问责设定最高标准。2025 年 3 月，英国正式提出《人工智能（监管）法案》，在人工智能治理领域迈出关键一步，体现了英国对全球人工智能监管趋势的回应。

德国联邦内政部、联邦司法和消费者保护部 2018 年成立数据伦理委员会，旨在从算法、人工智能、数据等方面为政府部门提供咨询建议，以完善数据伦理相关政策规范。德国联邦交通部下设自动驾驶伦理委员会，负责为自动驾驶制定必要的伦理准则。

日本政府于2019年3月发布《以人为本的人工智能社会原则》，指导人工智能在社会中的应用；2022年1月发布《人工智能原则实施治理指南》，旨在指导以人为本的人工智能社会原则的实施；2023年修订此指南，重申一个关键思想，即非监管、非约束性框架对于人工智能的开发和使用至关重要。2025年5月，日本参议院通过了《人工智能相关技术研究开发及应用推进法》，旨在促进人工智能相关技术研究开发及应用并防止其滥用。

目前，除欧盟、韩国、日本等少数国家和地区外，绝大多数国家和地区尚未出台政府层面的人工智能伦理监管法规。这一方面是因为人工智能等新兴技术领域的伦理监管涉及诸多因素，要出台具有针对性、可行性的监管制度难度较大；另一方面也可能因为对新兴技术领域而言，如何以伦理监管为手段促进科技创新还没有找到合理的平衡点。

（二）协会和学会发布行业规范和行业自律倡议

在政府行政部门尚未对人工智能等新兴技术领域制定伦理规范时，协会和学会内部的行业规范就成为对该行业最直接的约束。目前，多数国家对人工智能新兴技术领域的伦理约束以协会和学会制定的行业规范及行业自律倡议为主。

美国对人工智能伦理的监管主要在学界共识和自律层面。2017年1月，美国智库未来生命研究院召开人工智能专题会议，讨论推出“阿西洛马人工智能原则”，达成了23条关于人工智能的共识。有关人士呼吁全世界在发展人工智能的同时要严格遵守这些原则，确保人工智能有益于人类社会的安全和发展。2017年12月，美国电气电子工程师学会（IEEE）发布《人工智能设计的伦理准则（第二版）》，认为当前技术发展还不足以赋予人工智能法律地位。这些建议可以给后续标准制定等提供参考，但是其中的伦理要求能否在技术层面真正实现，当前还存在争议，需要更多探索。

日本对人工智能伦理治理的思路采用政府设定目标、行业协会规范、企业自律、多元主体参与的软法监管模式。2017 年 2 月，日本人工智能学会（JSAI）发布了“伦理准则”，强调研究人员的伦理行为规范，倡导进行负责任的人工智能研究。JSAI 伦理委员会在研究起草人工智能伦理、标准指南方面发挥着重要作用。

（三）人工智能伦理治理国际合作交流

人工智能伦理治理需要跨越国界，促进全球合作交流，共同应对全球人工智能伦理挑战。通过国际合作与交流，可以借鉴其他国家的成功经验，共同推动全球人工智能伦理治理。2023 年 11 月，在首届全球人工智能安全峰会上，美国、中国、欧盟等 28 国签署《布莱切利宣言》。作为全球第一份针对人工智能新兴技术的国际性声明，参会国同意通过国际合作，建立人工智能监管方法，同意建立一个具有国际包容性的前沿人工智能安全科学研究网络，维持包容性的全球对话，以正确利用人工智能为世界造福。2025 年 2 月，在巴黎人工智能行动峰会上，30 多个国家共同发布《关于发展包容、可持续的人工智能造福人类与地球的声明》，提出了确保人工智能开放、包容、透明、合乎伦理、安全可靠且可信、遵循普适性国际框架；确保人工智能为人类和地球可持续发展服务；深化国际合作，强化国际协调治理等核心优先事项。

二、人体干细胞、基因编辑技术领域的伦理治理

科技伦理高风险科技活动是科技伦理监管的重要对象。目前，国外对具有较高伦理风险的技术领域有一些特殊监管要求，比如对人体干细胞和基因编辑等技术领域的伦理监管。

日本对以人体干细胞和基因编辑技术进行人类受精卵研究等领域制定了专门的监管制度规范，对部分涉及人体胚胎细胞的研究实行二次审查的监管制度。二次审查由政府主管部门下设的伦理安全委员会进行。《使用基因编辑技术进行人类受精卵研究的伦理指南》规定，科研项目的伦理审查通过后，需要进行二次审查，即由机构负责人向文部科学省和厚生劳动省的相关行政部门申请二次审查。行政部门审核相关材料（必要时组织召开会议进行决议）后，判断是否允许其实施科研计划，并将结果通知申请机构负责人。

德国对干细胞技术的监管也有特殊要求，德国《干细胞法》规定人类胚胎干细胞进口和使用的审批主管部门为德国联邦卫生部所属的授权机构，负责技术把关和伦理可接受性评估的机构是设立于主管部门内的干细胞研究中央伦理委员会（ZES），ZES 主要依据《干细胞法》负责从伦理的角度审查有关使用人类胚胎干细胞开展的科研项目，评估项目是否在伦理上可接受。

第三章

我国科技伦理治理发展历程与制度建设

CHAPTER 3

我国科技伦理治理起步于20世纪80年代，生命医学、实验动物、药物临床试验等领域的科技伦理审查监管制度从20世纪90年代开始逐步建立。2019年以来，党和国家高度重视科技伦理治理工作，我国科技伦理治理全面推进，科技伦理法治化进程加速。本章主要介绍我国科技伦理治理的发展历程，以及科技伦理制度体系建设现状。

第一节
我国科技伦理治理的发展历程

我国科技伦理治理在20世纪80年代开始发展，主要是生命医学伦理的教育和宣传；20世纪90年代，由于国际合作项目的伦理审查要求，我国成立了第一个伦理审查委员会。随着我国生命医学等科技领域的发展和国际合作伦理审查的需求增长，科技伦理治理的重要性和必要性日益得到重视，我国逐步开展了对实验动物、生命医学、药物和医疗器械临床试验、人工智能等领域的科技伦理治理。党的十九大尤其是2019年以来，我国更加重视科技伦理的治理，通过组建国家科技伦理委员会、制定科技伦理治理顶层设计文件等措施，不断建立健全科技伦理治理体系。我国科技伦理治理发展历程简图见图3–1。

一、生命医学伦理教育和宣传兴起

20世纪80年代，上海第二医科大学自编教材《医德学概论》被原卫生部推荐，并于1983年正式出版，成为较早的医学伦理教材之一。这一时期全国范围内的医学院校逐步开设医学伦理学课程，国家医师考试将医学伦理学列为必考课程。1987年，邱仁宗研究员编写的《生命伦理学》一书出版，该书首次系统地介绍了生命伦理学，是我国生命伦理学的奠基之作。

1988年10月，中华医学会医学伦理学会在西安正式成立，学会的主要任务是加强国内外医学伦理学的学术交流与合作。随后，各省市纷纷成立医学伦理学分会，挂靠在各省市卫生行政部门。

1999年8月，中国科学院香山会议办公室主办的“21世纪生命伦理学

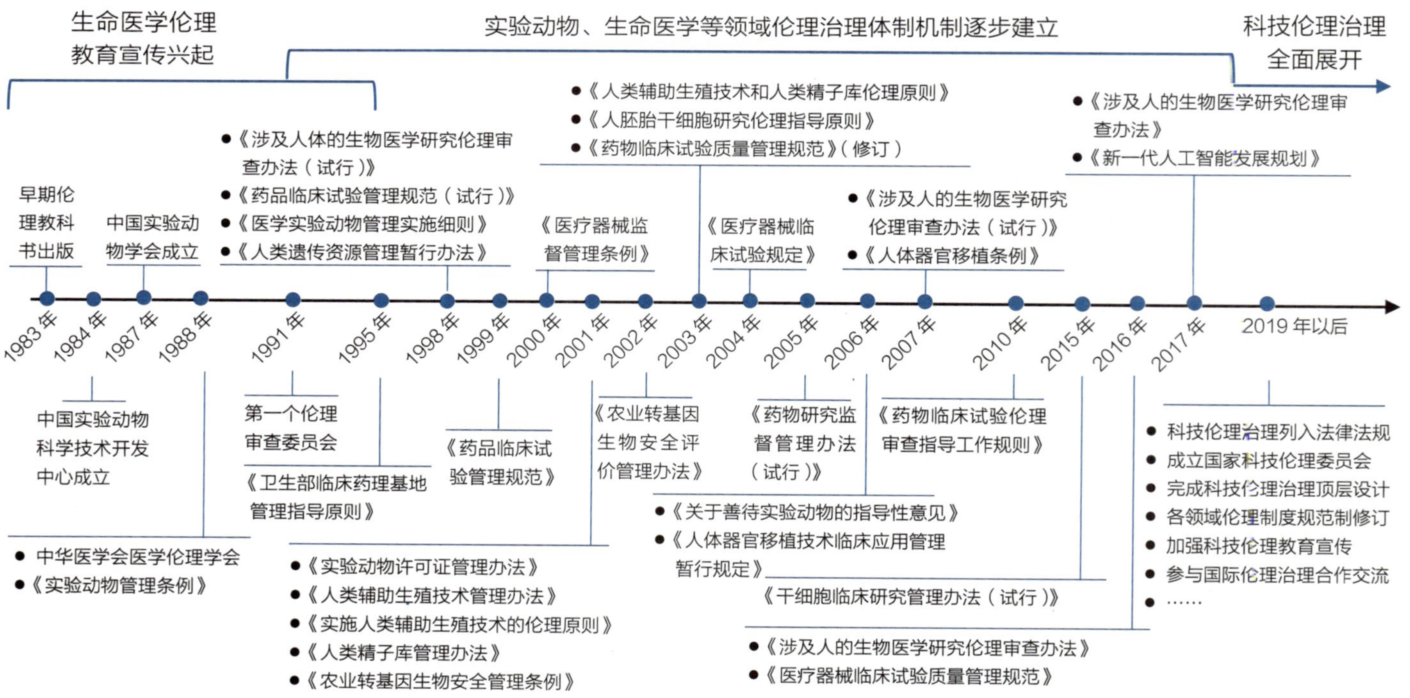

图 3-1　我国科技伦理治理发展历程简图

难题”香山科学会议第120次会议在昆明举行，来自全国各地的医学家、遗传学家、生物学家、伦理学家、法学家等专家参加会议。会议就“人类基因组计划对生命伦理学提出的挑战”“辅助生殖中的伦理法律问题”及“克隆技术中的伦理法律问题”等生命科学前沿议题展开了热烈讨论。

二、科技伦理审查监管制度逐步建立

我国科技伦理治理最早起步于实验动物管理制度的建立，随后，为满足生命医学国际合作研究的伦理审查需要，相关领域的科技伦理审查监管制度逐步建立。1991年，某个中美合作的生命医学研究项目在开展前需要进行伦理审查，为顺利开展合作研究，我国成立了第一个伦理审查委员会。随后，卫生、科技、药监等部门开始出台相关政策规范制度文件，在实验动物、生命医学、药物和医疗器械临床试验、人工智能等领域逐步构建科技伦理审查监管体制。

（一）实验动物领域

实验动物是生命科学研究的基础，也是生命医学、药学等研究和临床试验的重要支撑条件。实验动物为人类的健康做出了重要贡献，可以说，现代生命医学的成就依赖于实验动物。在人类使用实验动物开展生命医学研究的过程中，逐渐认识到实验动物的福利伦理问题，世界有100多个国家和地区通过立法等方式规范动物实验程序和动物福利，达到实验动物的科学合理利用、避免给动物造成与实验无关的疼痛等目的，并逐步达成共识。1959年，国外学者提出3R原则，即减少（Reduction）、替代（Replacement）、优化（Refinement），对保障实验动物福利具有重要意义。目前3R原则已成为实验动物福利的国际共识。保护动物福利，关爱实验动物，是人类文明进步的表现，也是人类自身生存的需要。

我国的科技伦理治理起步于20世纪80年代对实验动物的治理。1982年，原国家科学技术委员会在云南召开了第一届全国实验动物工作会，各省市和有关部门召开了本行业的工作会。1984 年，经国务院批准，中国实验动物科学技术开发中心成立，并先后提出了我国实验动物科学技术的方针和法规政策规划等。1987 年，中国实验动物学会成立。1988 年，中国正式被接纳为国际实验动物科学理事会（ICLAS）的成员国。1988 年 11 月，原国家科学技术委员会发布《实验动物管理条例》，首次以法规形式明确实验动物福利相关要求，具体包括实验动物必须饲喂质量合格的全价饲料，直接用作饲料的蔬菜、水果等，要经过清洗消毒，并保持新鲜；从事实验动物工作的人员对实验动物必须爱护，不得戏弄或虐待等。

1994 年，原国家技术监督局发布《中华人民共和国实验动物标准》，2001 年，原国家质量监督检疫总局对其进行了修订。1997 年，原国家科学技术委员会发布《实验动物质量管理办法》和《实验动物种子中心管理办法》，不断规范实验动物的质量管理。1998 年，原卫生部发布《医学实验动物管理实施细则》，加强全国医学实验动物的科学管理，保证医学实验动物的质量和医学动物实验水平。

2001 年，科技部、原卫生部、教育部、原农业部、原国家质量监督检验检疫局、原国家中医药管理总局、原中国人民解放军总后勤部卫生部等 7 部门发布《实验动物许可证管理办法》，通过加强实验动物管理，进一步提高动物福利保护水平。

2006 年 9 月，科技部发布《关于善待实验动物的指导性意见》，提出减少、替代、优化的 3R 原则，科学、合理、人道地使用实验动物，要求实验动物生产单位及使用单位应设立实验动物管理委员会或实验动物道德委员会、实验动物伦理委员会等，规定使用实验动物进行研究的科研项目，应制定科学、合理、可行的实施方案。实施方案经实验动物管理委员会（或实验动物道德委员会、实验动物伦理委员会等）批准后方可组织实施。

2006 年 11 月，科技部发布的《国家科技计划实施中科研不端行为处理办法（试行）》将违反实验动物保护规范列为科研不端行为之一。

2011 年至 2017 年,《实验动物管理条例》经过了三次修订，该条例的密集修订反映了我国实验动物管理的规范要求不断提高与完善，以适应国际国内实验动物形势变化，满足生命医学、药物临床等领域科技创新的实际需求。

2018 年 2 月，国家标准《实验动物　福利伦理审查指南》（GB/T 35892—2018）发布，规定了实验动物生产、运输和使用过程中的审查机构、审查原则、审查内容、审查程序、审查规则和档案管理等福利伦理审查和管理的要求。

（二）涉及人的生命医学研究领域

1998 年，原卫生部成立卫生部涉及人体的生物医学研究伦理审查委员会，同年，原卫生部发布了《涉及人体的生物医学研究伦理审查办法（试行）》，首次对我国的伦理审查工作作出明确规定，并在附则中指出，该办法由原卫生部涉及人体的生物医学研究伦理审查委员会负责解释。

2000 年 3 月，原卫生部成立卫生部医学伦理专家委员会，其职责是负责行业科技发展中有关伦理问题的咨询和审查，对推动我国生命医学研究伦理审查、开展重大医学伦理问题研究、组织伦理培训交流等工作发挥了重要作用。

2001 年 2 月，原卫生部发布《人类辅助生殖技术管理办法》，规定申请开展人类辅助生殖技术的医疗卫生机构应当设有医学伦理委员会，要求实施人类辅助生殖技术应当遵循知情同意原则，并签署知情同意书；涉及伦理问题的，应当提交医学伦理委员会讨论。2001 年 2 月，原卫生部发布的《人类精子库管理办法》要求，申请设置人类精子库的医疗卫生机构应当设有医学伦理委员会。

2001 年 11 月，原卫生部制定的《实施人类辅助生殖技术的伦理原则》明确了实施人类辅助生殖技术的 5 条伦理原则。

2003 年 3 月，原卫生部发布《人类辅助生殖技术和人类精子库伦理原则》，提出了人类辅助生殖技术伦理原则和人类精子库的伦理原则，并提出实施人类辅助生殖技术的机构应建立生殖医学伦理委员会。

2003 年 12 月，科技部、原卫生部发布了《人胚胎干细胞研究伦理指导原则》，明确了我国人胚胎干细胞研究的生命伦理规范和要求，并要求从事人胚胎干细胞的研究单位应成立伦理委员会，对人胚胎干细胞研究的伦理学及科学性进行综合审查、咨询与监督。

2006 年 3 月，原卫生部发布《人体器官移植技术临床应用管理暂行规定》，规定申请办理器官移植的医疗卫生机构必须设立人体器官移植技术临床应用与伦理委员会。

2007 年 1 月，原卫生部制定发布《涉及人的生物医学研究伦理审查办法（试行）》（原卫生计生委令 11 号），规定了伦理委员会的构成和职责、伦理审查原则和程序、对伦理委员会的监管等内容，初步构建了以机构审查为基础的医学研究伦理审查体系。

2007 年 3 月，《人体器官移植条例》规定了医疗卫生机构从事人体器官移植应当设有人体器官移植技术临床应用与伦理委员会。

2010 年 9 月，国家中医药管理局发布《中医药临床研究伦理审查管理规范》，规范中医药临床研究伦理审查工作，该文件提出国家和省级中医药管理部门负责对伦理委员会的审查工作进行监督管理，监督管理内容包括：开展涉及人的中医药临床研究机构是否按要求设立伦理委员会，伦理委员会是否按照伦理审查原则实施伦理审查，伦理审查内容和程序是否符合有关法规和指南要求。该文件还明确了伦理委员会和伦理审查的相关内容。

2015 年 7 月，原国家卫生计生委和原国家食品药品监管总局联合印发《干细胞临床研究管理办法（试行）》，明确了干细胞临床研究伦理委员会和伦理审查及监督管理的相关要求，并提出机构应按照医学研究登记备案信息系统要求，公开干细胞临床研究机构和项目有关信息，并负责审核登记内容的真实性。

随着科技伦理治理的形势需求变化，2016 年 10 月，原国家卫生计生委发布《涉及人的生物医学研究伦理审查办法》，对 2007 年发布的《涉及人的生物医学研究伦理审查办法（试行）》进一步完善，要求从事涉及人的生物医学研究的医疗卫生机构已设立伦理委员会的，应向本机构的执业登记机关备案，并在医学研究登记备案信息系统登记。

（三）药物和医疗器械临床试验领域

1. 药物药品临床试验

1995 年 2 月，原卫生部发布《卫生部临床药理基地管理指导原则》，推动原卫生部确定的临床药理基地逐步达到临床试验管理规范（Good Clinical Practice, GCP），并对医学伦理委员会的设立、组成、临床试验审查等提出了明确要求。

1998 年 3 月，原卫生部发布《药品临床试验管理规范（试行）》，进一步明确了药品临床试验管理的相关伦理要求。

1999 年 9 月，原国家药品监督管理局发布《药品临床试验管理规范》（GCP）（国家药品监督管理局令第 13 号），对原卫生部发布的《药品临床试验管理规范（试行）》相关伦理要求进行进一步完善。

2003 年 8 月，原国家食品药品监督管理局修订发布《药物临床试验质量管理规范》（GCP），提出成立独立的伦理委员会，并向原国家食品药品监督管理局备案等要求，替代了原国家药品监督管理局 1999 年发布的《药品临床试验管理规范》。

2005 年 1 月，原国家食品药品监督管理局发布施行的《药物研究监督管理办法（试行）》加强了药物研究监督管理中的伦理监管要求，替代了此前施行的《药品研究实验记录暂行规定》《药品研究申报注册违规处理办法》《药品临床研究若干规定》。

2010 年 11 月，为规范和指导伦理委员会的药物临床试验伦理审查工作，提高药物临床试验伦理审查工作质量，原国家食品药品监督管理局发布《药物临床试验伦理审查指导工作规则》，第一次系统地规定了药物药品临床试验领域伦理委员会的组织管理、职责、伦理审查申请与受理、伦理审查、审查决定与送达、跟踪审查、审查文件管理等相关要求，并以附件的形式明确了伦理审查的主要内容、伦理委员会存档的文件目录、相关术语表，为伦理委员会开展具体工作提供了较好的参考。

2. 医疗器械临床试验

2000 年 4 月施行的《医疗器械监督管理条例》规定了我国医疗器械监督管理体制机制，但没有明确相关伦理要求。2014 年 4 月，该条例进行了第一次修订，明确了国务院食品药品监督管理部门审批临床试验时，应当对拟承担医疗器械临床试验的机构的设备、专业人员等条件，对该医疗器械的风险程度、临床试验实施方案，临床受益与风险对比分析报告等进行综合分析。

2004 年 1 月，原国家食品药品监督管理局发布《医疗器械临床试验规定》（国家食品药品监督管理局令第 5 号），明确了医疗器械临床试验方案报伦理委员会认可后实施，若有修改，必须经伦理委员会同意等要求，同时，规定了实施者、医疗卫生机构及医疗器械临床试验人员的相关伦理要求。

2016 年 3 月，原国家食品药品监督管理总局和原国家卫生和计划生育委员会发布了《医疗器械临床试验质量管理规范》（国家食品药品监督管理总局令第 25 号），完善并替代了《医疗器械临床试验规定》相关内容，规范了申办者、试验机构、研究者等术语，明确了受试者权益保障的伦理要求、伦理委员会职责、申办者临床试验机构和研究者职责的伦理要求等内容。

2017 年 10 月，中共中央办公厅、国务院办公厅印发《关于深化审评审批制度改革鼓励药品医疗器械创新的意见》，部署了完善伦理委员会机制、提高伦理审查效率、支持拓展性临床试验等临床试验管理改革任务要求。

（四）人工智能领域

人工智能是指在机器上实现相当，乃至超越人类感知、认知、行动等能力的智能。从 1956 年开始经过 60 多年发展，人工智能已成为一门新兴综合性交叉学科，正在加快发展，在为人类提供便利的同时，也存在潜在的伦理风险。

2017 年 7 月，国务院印发《新一代人工智能发展规划》的通知，指出在发展人工智能的同时，必须高度重视其可能带来的安全风险调整，加强前瞻预防与约束引导，制定了人工智能发展战略的“三步走”任务部署，其中，涉及伦理的任务部署有：

第一步（到 2020 年），人工智能发展环境进一步优化，在重点领域全面开展创新应用，聚集起一批高水平的人才队伍和创新团队，部分领域的人工智能伦理规范和政策法规初步建立；

第二步（到 2025 年），初步建立人工智能法律法规、伦理规范和政策体系，形成人工智能安全评估和管控能力；

第三步（到 2030 年），形成一批全球领先的人工智能科技创新和人才培养基地，建成更加完善的人工智能法律法规、伦理规范和政策体系。

2017 年 11 月，科技部召开新一代人工智能发展规划暨重大科技项目启动会，宣布成立新一代人工智能发展规划推进办公室，负责推进新一代人工智能发展规划和实施重大科技项目的组织。同时，宣布成立新一代人工智能战略咨询委员会，为规划和实施重大科技项目，以及国家人工智能发展的相关重大部署提供咨询。

2018 年 4 月，科技部组建了新一代人工智能发展研究中心，该中心依托中国科学技术信息研究所，广泛联系人工智能领域学者和产业界人士，对人工智能发展战略和前沿技术方向提供咨询建议。

三、科技伦理治理工作全面推进

2019 年以来，党和国家更加重视科技伦理治理工作，通过加强顶层设计和任务部署，推动法治化，加强制度建设等举措，全面推进科技伦理治理工作。

在加强顶层设计和任务部署方面，一是组建国家科技伦理委员会。2019年10月，国家科技伦理委员会成立。2023年3月，中共中央、国务院印发的《党和国家机构改革方案》提出国家科技伦理委员会作为中央科技委员会领导下的学术性、专业性专家委员会。二是部署科技伦理制度体系建设任务。党的十九届四中、五中全会分别提出“健全科技伦理治理体制”“健全科技伦理体系”，对科技伦理治理作出重要部署，充分体现加强科技伦理治理的重要性。2022年3月，中共中央办公厅、国务院办公厅印发《关于加强科技伦理治理的意见》，对科技伦理治理作出顶层设计和系统部署。

在推动法治化方面，2019年以来，涉及科技伦理治理的多项法律法规颁布施行，从事与人体基因、人体胚胎等相关的生命医学研究及临床试验活动的伦理规范被纳入多部法律条款，例如，《中华人民共和国民法典》《中华人民共和国刑法修正案（十一）》《中华人民共和国生物安全法》《中华人民共和国科学技术进步法》等法律均加入了科技伦理要求，我国科技伦理法律法规体系逐步完善。

在加强制度建设方面，党的十九大以来，实验动物、生命医学、药物和医疗器械、生物技术、人工智能等领域的科技伦理管理制度通过不断修订完善，科技伦理监管力度不断强化。同时，针对上述领域，财政资金设立的科技计划（专项、基金等）科技伦理监管制度也在逐步完善。

2019年以来，我国科技伦理治理工作进展情况见图3-2，详细介绍见本章第二节。

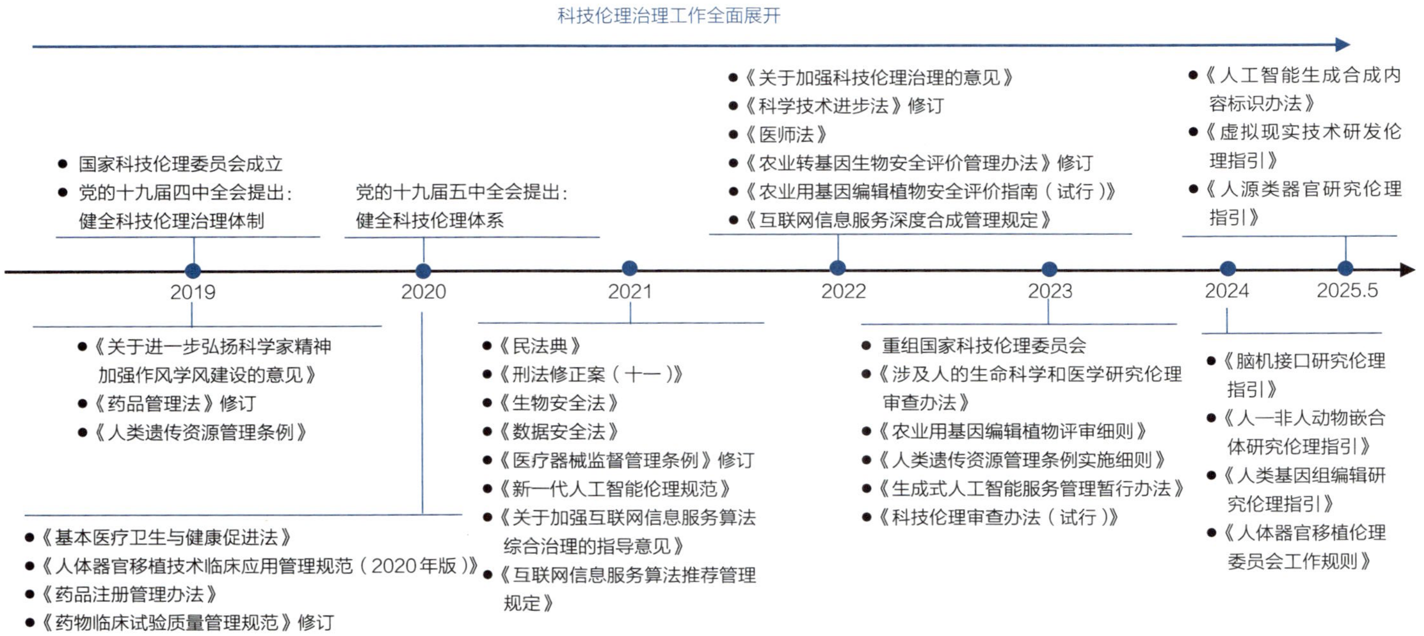

图 3-2　我国科技伦理治理工作全面展开

第二节

我国科技伦理治理制度建设

一、科技伦理制度体系不断健全

从我国科技伦理治理的发展历程看，我国科技伦理制度体系不断健全，尤其是党的十九大以来，我国更加重视科技伦理治理工作，初步建立起科技伦理制度体系。科技伦理相关法律法规和制度文件见表 3-1。

表 3-1　我国科技伦理相关法律法规和制度文件

序号	文件名称	发文时间	发文单位	科技伦理相关内容
国家法律法规和政策				
1	《中华人民共和国民法典》	2020 年	全国人民代表大会	新增科技伦理条款，规范研制新药、医疗器械或发展新的预防和治疗方法，以及从事与人体基因、人体胚胎有关的医学和科研活动等
2	《中华人民共和国刑法修正案（十一）》	2020 年	全国人民代表大会常务委员会	新增了克隆人类胚胎、违反基因编辑伦理规范等行为的入刑标准及刑事责任条款
3	《中华人民共和国生物安全法》	2020 年	全国人民代表大会常务委员会	对生物技术研究开发与应用活动的伦理要求作出明确规定
4	《中华人民共和国个人信息保护法》	2021 年	全国人民代表大会常务委员会	明确了个人信息和敏感个人信息的处理规则及个人信息保护的相关法律责任等要求，从个人信息保护层面对人工智能及相关技术进行了规制

续表

序号	文件名称	发文时间	发文单位	科技伦理相关内容
5	《中华人民共和国科学技术进步法（修订）》	2021 年	全国人民代表大会常务委员会	专门增加了科技伦理治理的具体规定，包括国家建立科技伦理委员会，完善科技伦理制度规范，健全审查、评估、监管体系
6	《中华人民共和国数据安全法》	2021 年	全国人民代表大会常务委员会	对开展数据处理活动以及研究开发数据新技术等伦理原则和要求作出明确规定
7	《农业转基因生物安全管理条例（修订）》	2017 年	国务院	进一步强化农业转基因生物安全管理
8	《中华人民共和国人类遗传资源管理条例》	2019 年	国务院	将人类遗传资源管理提升到法规高度，为有效应对伦理挑战和安全风险提供制度保障
9	《新一代人工智能发展规划》	2017 年	国务院	部署了人工智能伦理相关任务目标
10	《关于进一步弘扬科学家精神加强作风和学风建设的意见》	2019 年	中共中央办公厅、国务院办公厅	明确要求有关部门、高校和科研机构、企业等建立健全科技伦理审查等有关制度
11	《关于加强科技伦理治理的意见》	2022 年	中共中央办公厅、国务院办公厅	对科技伦理治理作出顶层设计和系统部署，构建了我国科技伦理监管框架、基本模式和制度架构，对系统提升我国科技伦理监管能力和水平提供了制度依据
部门规章和有关管理制度				
12	《人类辅助生殖技术管理办法》	2001 年	原卫生部	人类辅助生殖技术的应用应当在医疗机构中进行，以医疗为目的，并符合国家计划生育政策、伦理原则和有关法律规定

续表

序号	文件名称	发文时间	发文单位	科技伦理相关内容
13	《人胚胎干细胞研究伦理指导原则》	2003 年	科技部和原卫生部	规定了在开展人胚胎干细胞研究中所应遵循的基本原则，包括研究活动范围、允许和禁止开展的胚胎干细胞研究内容和知情同意原则等
14	《药物临床试验伦理审查工作指导原则》	2010 年	原国家食品药品监督管理局	规范了药物临床试验领域的相关伦理监管工作
15	《涉及人的生物医学研究伦理审查办法》	2016 年	原国家卫生和计划生育委员会	系统规范了涉及人的生物医学研究的伦理审查制度，审查原则、审查程序，各级伦理委员会的设置和职责以及审查的监督与管理等
16	《生物技术研究开发安全管理办法》	2017 年	科技部	规范了生物技术研发活动并建立生物科技活动风险分级管理清单制度
17	《实验动物　福利伦理审查指南》	2018 年	国家质检总局、国家标准化管理委员会	对实验动物伦理审查提供了参考标准
18	《医疗技术临床应用管理办法》	2018 年	国家卫生健康委	规定医疗技术临床应用应当遵循科学、安全、规范、有效、经济、符合伦理的原则
19	《关于进一步加强依托单位科学基金管理工作的若干意见》	2018 年	国家自然科学基金委员会	提出建立完善科技伦理审查机制，加强伦理审查机制和过程监管
20	《关于进一步优化国家重点研发计划项目和资金管理的通知》	2019 年	科技部、财政部	要求加强科技伦理审查和监管，科研单位应建立健全科技伦理管理制度，加强伦理审查和过程监管
21	《关于进一步完善科学基金项目和资金管理的通知》	2019 年	国家自然科学基金委员会、财政部	要求加强科技伦理审查和监管，科研单位应建立健全科技伦理管理制度，加强伦理审查和过程监管

续表

序号	文件名称	发文时间	发文单位	科技伦理相关内容
22	《科技期刊出版伦理规范》	2019年	中国科协	科技期刊编辑出版伦理道德规范或指南
23	《国家新一代人工智能标准体系建设指南》	2020年	国家标准化管理委员会、中央网信办、国家发展改革委、科技部、工业和信息化部	在人工智能标准体系结构中，将“H安全/伦理”作为八个组成部分之一，并规定“H安全/伦理”贯穿于其他七个部分，为人工智能建立合规体系
24	《科学技术活动违规行为处理暂行规定》	2020年	科技部	明确了对违背科技伦理要求等违规行为的调查程序和处理措施
25	《药物临床试验质量管理规范》（修订版）	2020年	国家药监局、国家卫生健康委	规范了药物临床试验领域的相关伦理监管工作
26	《人体器官移植技术临床应用管理规范（2020年版）》	2020年	国家卫生健康委	对开展人体肝脏、肾脏、心脏、肺脏、胰腺、小肠等六种器官移植提出明确的医疗机构、人员资质要求及技术管理和培训要求
27	《新冠肺炎疫情期间药物临床试验管理指导原则（试行）》	2020年	国家药品监督管理局药审中心	明确要求在新冠肺炎药物、疫苗等临床试验中提高伦理审查效率，严守伦理审查标准，安全、规范、有序开展临床试验
28	《医学科研诚信和相关行为规范（修订）》	2021年	国家卫生健康委、科技部、国家中医药管理局	明确提出遵循科研伦理准则、接受伦理监督、保障受试者权益等要求
29	《新一代人工智能伦理规范》	2021年	国家新一代人工智能治理专业委员会	提出6项基本伦理要求和18项涉及人工智能管理、研发、供应、使用等特定活动的基本伦理规范

续表

序号	文件名称	发文时间	发文单位	科技伦理相关内容
30	《科研失信行为调查处理规则》	2022 年	科技部等 22 个部门	明确了对违背科技伦理要求等违规行为的调查程序和处理措施
31	《涉及人的生命科学和医学研究伦理审查办法》	2023 年	国家卫生健康委等 4 部门	对涉及人的生命科学和医学研究的伦理审查作出具体规定，强调“研究参与者”概念，细化了知情同意、利益冲突管理等审查程序及要求
32	《科技伦理审查办法（试行）》	2023 年	科技部等 10 部门	覆盖各领域科技伦理审查的综合性、通用性规定，对科技伦理审查的基本程序、标准、条件等提出了统一要求
科技社团有关规范指南				
33	《涉及人的临床研究伦理审查委员会建设指南》	2020 年	国家卫健委医学伦理专家委员会办公室、中国医院协会	对伦理审查委员会的建设和工作开展等方面作出了详细指导，类似于我国生命医学领域的伦理审查操作规程
34	《可信 AI 操作指引》	2020 年	中国人工智能产业发展联盟	为 AI 系统研发应用提供指引
35	《人干细胞研究伦理审查技术规范》	2022 年	中国细胞生物学学会	团体标准（T/CSCB 0009—2022），对人干细胞研究伦理审查原则、审查内容及审查程序等作出规定

二、科技伦理治理法治化进程加速

2019 年以来，涉及科技伦理的多部法律法规颁布施行，从事与人体基因、人体胚胎等相关的生命医学研究及临床试验活动的伦理规范被纳入法律条款，科技伦理治理法治化不断推进。

2019 年 8 月,《中华人民共和国药品管理法》(简称《药品管理法》)完成第二次修订，进一步完善了伦理管理相关规定。

2020 年 6 月实施的《中华人民共和国基本医疗卫生与健康促进法》(简称《基本医疗与健康促进法》)明确了对相关科技活动、医疗卫生机构和医疗人员的伦理要求。

2021 年 1 月起施行的《中华人民共和国民法典》(简称《民法典》)以法律形式规制了涉及伦理风险的相关科学研究活动，对研制新药、医疗器械或发展新的预防和治疗方法，以及从事与人体基因、人体胚胎等有关的医学和科研活动等提出科技伦理要求。

2021 年 3 月起施行的《中华人民共和国刑法修正案（十一）》(简称《刑法修正案（十一）》)规定了克隆人类胚胎、违反基因编辑伦理规范等行为的入刑标准及刑事责任条款。

2021 年 4 月起施行的《中华人民共和国生物安全法》(简称《生物安全法》)对生物技术研究开发与应用活动的伦理要求作出明确规定。

2021 年 9 月起实施的《中华人民共和国数据安全法》(简称《数据安全法》)规定开展数据处理活动，应当遵守法律、法规，尊重社会公德和伦理。

2021 年 11 月起实施的《中华人民共和国个人信息保护法》，旨在保护个人信息权益，规范个人信息处理活动，促进个人信息合理利用。

2022 年 1 月修订生效的《中华人民共和国科学技术进步法》(简称《科技进步法》)，专门增加了科技伦理治理的具体规定，包括国家建立科技伦理委员会，完善科技伦理制度规范，健全审查、评估、监管体系，科学技术研究开发机构、高等学校、企事业单位等创新主体要履行科技伦理管理主体责任，建立健全本单位科技伦理审查机制，对科技活动开展科技伦理审查等。

2022 年 3 月实施的《中华人民共和国医师法》(简称《医师法》)明确了医师开展相关科技活动的伦理要求。

三、科技伦理治理顶层政策制度出台

（一）完成顶层制度设计

为贯彻落实党中央关于科技伦理治理的重要部署，科技部牵头起草了《关于加强科技伦理治理的指导意见》，于2021年12月17日由中央全面深化改革委员会第二十三次会议审议通过。2022年3月，中共中央办公厅、国务院办公厅印发《关于加强科技伦理治理的意见》。比较来看，该文件从审议通过到正式发布，删掉了“指导”两字，体现了党中央对科技伦理治理的重视程度进一步提升，彰显了党中央高度重视科技伦理治理的立场和态度，有助于进一步提升对科技伦理治理重要性的认识，对推动科技向善，实现高水平科技自立自强，加快建设创新型国家和科技强国发挥重要作用。

《关于加强科技伦理治理的意见》是我国第一个国家层面的科技伦理治理框架性文件，该意见坚持以习近平新时代中国特色社会主义思想为指导，既注重科技伦理的国际化特点，参考借鉴了国际做法，更注重立足国情，充分体现我国科技创新发展实际需求和亟待解决的问题，系统部署了健全科技伦理治理体制、加强科技伦理治理制度保障、强化科技伦理审查和监管、深入开展科技伦理教育和宣传等方面任务。

《关于加强科技伦理治理的意见》部署四方面重点任务

1. 健全科技伦理治理体制。从完善政府科技伦理治理体制、压实创新主体科技伦理管理主体责任、发挥科技类社会团体的作用、引导科技人员自觉遵守科技伦理要求等方面作出具体部署，提出明确要求。

2. 加强科技伦理治理制度保障。要求制定完善科技伦理规范和标准，建立科技伦理审查和监管制度，提高科技伦理治理法治化水平，加强科技伦理理论研究。

3. 强化科技伦理审查和监管。对科技伦理审查、监管、风险预警、违规处理等作出具体规定，要求开展科技活动应进行科技伦理风险评估或审查，特别是开展涉及人、实验动物的科技活动，应当通过科技伦理委员会审查批准；研究制定科技伦理高风险科技活动清单，开展科技伦理高风险科技活动应按规定进行登记。

4. 深入开展科技伦理教育和宣传。对科技伦理的教育、培训、宣传等提出了具体要求，将科技伦理教育作为相关专业学科本专科生、研究生教育的重要内容，加快培养高素质、专业化的科技伦理人才队伍；要求开展面向社会公众的科技伦理宣传，鼓励公众提升科技伦理意识，理性对待科技伦理问题。

（二）制定科技伦理审查监管综合性制度

《关于加强科技伦理治理的意见》提出了完善科技伦理审查规则流程、健全科技伦理（审查）委员会设立标准、登记制度，建立科技伦理审查结果专家复核机制等具体要求。

为贯彻落实《关于加强科技伦理治理的意见》，加强科技伦理审查和监管，科技部、教育部、工业和信息化部、农业农村部、国家卫生健康委、中国科学院、中国社科院、中国工程院、中国科协、中央军委科技委十部门于2023年9月联合印发了《科技伦理审查办法（试行）》。该办法是覆盖各领域科技伦理审查的综合性、通用性规定，主要规范科技伦理审查的程序、标准、条件等，对科技伦理审查的适用范围、程序和标准、科技伦理（审查）委员会的建设和管理以及科技伦理审查监管职责等作出了明确规定，为各创新主体组织开展科技伦理审查、科技人员合规开展科技活动提供了制度依据。

《科技伦理审查办法（试行）》内容要点

根据科技部网站发布的解读信息，该办法从健全体系、规范程序、严格标准、加强监管等四方面规范了科技伦理审查及监管的相关内容。

第一，划定了科技伦理审查的主要范围，提出要坚持促进创新与防范风险相统一，客观评估、审慎对待不确定性和技术应用风险。科技伦理审查要重点针对可能影响人的合法权益和动物福利以及对生命健康、生态环境、公共秩序、可持续发展等带来伦理风险的科技活动。

第二，明确了科技伦理审查的责任主体、科技伦理（审查）委员会的设立标准和组织运行机制，并对委员会的制度建设、监督管理等提出具体要求。

第三，明确了科技伦理审查的基本程序，确定了伦理审查内容和审查标准，明确了需要开展伦理审查复核的科技活动清单内容及专家复核程序。

第四，明确了各相关部门、地方和各类创新主体的监督管理职责，建立了科技伦理（审查）委员会和需要开展专家复核的科技活动登记制度，对科技伦理违规行为及调查处理分工等作出规定。

四、重点领域科技伦理规范不断完善

2019 年以来，党和国家高度重视科技伦理治理工作，在推动法治化、加强顶层设计和任务部署的同时，涉及人的生命医学、药物和医疗器械临床试验、人工智能等重点领域的科技伦理制度规范不断健全，并在财政资金设立的科技计划（专项、基金等）领域以及科研诚信建设制度中提出了相关科技伦理治理要求。

（一）涉及人的生命医学领域

为适应生命医学领域的技术发展和治理需求，2020 年 8 月，国家卫生健康委办公厅印发《人体器官移植技术临床应用管理规范（2020 年版）》。该规范要求医疗卫生机构需具有符合规定的人体器官移植临床应用与伦理委员会，并对医疗卫生机构伦理审查程序等提出具体要求，包括人体器官移植技术临床应用应当严格履行伦理审查程序，遵守知情同意、隐私保护等伦理学要求。

2023 年 2 月，国家卫生健康委、教育部、科技部、国家中医药局联合印发了《涉及人的生命科学和医学研究伦理审查办法》（简称“2023 年办法”），进一步完善了涉及人的生命科学和医学研究的科技伦理监管制度。根据国家卫生健康委的相关解读，与 2016 年修订实施的《涉及人的生物医学研究伦理审查办法》（简称“2016 年办法”）相比，“2023 年办法”结合国家新出台的法律法规要求和高等学校、科研机构的实际，以医疗卫生机构、高等学校、科研机构等为适用对象，明确涉及人的生命科学和医学研究的伦理审查基本要求和监督管理责任，延续了“2016 年办法”的基本原则和制度框架，同时，从扩大伦理审查适用范围、建立委托审查机制、优化伦理审查规范等方面对“2016 年办法”的部分规定进行了细化和完善。

《涉及人的生命科学和医学研究伦理审查办法》明确的监管职责

1. 国家卫生健康委负责全国医疗卫生机构开展的涉及人的生命科学和医学研究伦理审查监督。

2. 国家中医药局负责涉及人的中医药学研究伦理审查监督。

3. 教育部负责全国高等学校开展的涉及人的生命科学和医学研

究伦理审查监督，并管理教育部直属高等学校相关工作。

4. 其他高等学校和科研机构开展的涉及人的生命科学和医学研究伦理审查的监督管理按行政隶属关系由相关部门负责。

5. 县级以上地方人民政府卫生健康、教育等部门依据职责分工负责本辖区涉及人的生命科学和医学研究伦理审查的监督管理。

（二）药物和医疗器械临床试验领域

为规范药品注册，保证药品的安全、有效和质量可控，2020 年 1 月，国家市场监督管理总局发布《药品注册管理办法》（国家市场监督管理总局令第 27 号），自 2020 年 7 月 1 日起施行。该办法规范了药物临床伦理审查委员会的伦理管理要求。主要包括以下内容：

（1）开展药物临床试验，应当经伦理委员会审查同意，药物临床试验用药品的管理应当符合药物临床试验质量管理规范的有关要求；

（2）获准开展药物临床试验的，申办者在开展后续分期药物临床试验前，应当制定相应的药物临床试验方案，经伦理委员会审查同意后开展，并在药品审评中心网站提交相应的药物临床试验方案和支持性资料；

（3）有伦理委员会未履行职责情形的，可以要求申办者调整药物临床试验方案、暂停或者终止药物临床试验。

为满足新形势下药物临床试验的需求，进一步明确各相关方的责任，2020 年 4 月，国家药品监督管理局、国家卫生健康委发布了新修订的《药物临床试验质量管理规范》（GCP）。与 2003 年版本相比，新修订版增加了术语及其定义、伦理委员会、研究者手册、必备文件管理等章节内容，从明确参与方责任、强化受试者保护、建立质量管理体系、优化安全性信息报告、规范新技术的应用、参考国际临床监管经验、体现卫生健康主管部门医疗管理的要求等方面细化完善了包括伦理审查在内的药物临床试验规范，进一步完善了药物临床试验相关伦理监管工作。

在医疗器械领域，2021 年 6 月起修订施行的《医疗器械监督管理条例》首次明确伦理管理要求，主要明确了以下两方面内容：一是开展医疗器械临床试验，应当按照规定进行伦理审查，向受试者告知试验目的、用途和可能产生的风险等详细情况，获得受试者的书面知情同意，受试者为无民事行为能力人或者限制民事行为能力人的，应当依法获得其监护人的书面知情同意；二是对正在开展临床试验的用于治疗严重危及生命且尚无有效治疗手段的疾病的医疗器械，经医学观察可能使患者获益，经伦理审查、知情同意后，可以在开展医疗器械临床试验的机构内免费用于其他病情相同的患者，其安全性数据可以用于医疗器械注册申请。

（三）人工智能领域

2019 年以来，我国加快部署人工智能伦理治理的相关任务安排，加强人工智能伦理治理的前瞻研究，开展人工智能领域立法，不断加强人工智能领域的伦理治理工作。

2019 年 2 月，新一代人工智能发展规划推进办公室召开了 2019 年工作会议，宣布在新一代人工智能战略咨询委员会基础上成立国家新一代人工智能治理专业委员会，进一步加强人工智能相关法律、伦理、标准和社会问题研究，深入参与人工智能相关治理的国际交流合作。

为贯彻 2017 年 7 月国务院印发的《新一代人工智能发展规划》，增强全社会的人工智能伦理意识与行为自觉，积极引导负责任的人工智能研发与应用活动，2021 年 9 月，国家新一代人工智能治理专业委员会制定发布了《新一代人工智能伦理规范》，提出了增进人类福祉、促进公平公正、保护隐私安全、确保可控可信、强化责任担当、提升伦理素养 6 项人工智能基本伦理规范和 18 项涉及人工智能管理、研发、供应、使用等特定活动的基本伦理规范（见表 3–2）。该规范在组织实施部分提出，各级管理部门、企业、高等学校、科研机构、协会学会和其他相关机构可依据本规范，制定更具体的伦理规范和相关措施。

表 3-2 《新一代人工智能伦理规范》的基本伦理规范

人工智能各类活动应遵循的基本伦理规范	
1. 增加人类福祉 2. 促进公平公正 3. 保护隐私安全 4. 确保可控可信 5. 强化责任担当 6. 提升伦理素养	
人工智能管理规范	**人工智能研发规范**
1. 推进敏捷治理 2. 积极实践示范 3. 正确行权使权 4. 加强风险防范 5. 促进包容开放	1. 强化自律意识 2. 提升数据质量 3. 增强安全透明 4. 避免偏见歧视
人工智能供应规范	**人工智能使用规范**
1. 尊重市场规则 2. 加强质量管控 3. 保障用户权益 4. 强化应急保障	1. 提倡善意使用 2. 避免误用滥用 3. 禁止违规恶用 4. 及时主动反馈 5. 提高使用能力

2022 年 3 月，中共中央办公厅、国务院办公厅印发的《关于加强科技伦理治理的意见》首次部署了人工智能伦理治理的任务要求，提出从事人工智能科技活动的单位，研究内容涉及科技伦理敏感领域的，应设立科技伦理（审查）委员会；制定人工智能重点领域的科技伦理规范和指南；重点加强人工智能领域的科技伦理立法研究等任务部署要求，完善了我国人工智能伦理治理的顶层设计。

2023 年 5 月，国务院办公厅印发的《国务院办公厅关于印发国务院 2023 年度立法工作计划的通知》，提出预备提请全国人大常委会审议人工智能法草案。

另外，相关部门及时出台政策制度，规范与人工智能治理相关领域的科技活动。2021 年 8 月，工业和信息化部发布《关于加强智能网联汽车生产企业及产品准入管理的意见》，提出了加强数据和网络安全管理、自动驾驶功能产品安全管理等要求。

2021年9月，国家互联网信息办公室、中央宣传部、教育部、科技部、工业和信息化部、公安部、文化和旅游部、国家市场监督管理总局、国家广播电视总局等9部门联合印发《关于加强互联网信息服务算法综合治理的指导意见》，提出逐步建立治理机制健全、监管体系完善、算法生态规范的算法安全综合治理格局的主要目标，其中，在监管体系完善目标中，要求创新性地构建形成算法安全风险监测、算法安全评估、科技伦理审查、算法备案管理和涉算法违法违规行为处置等多维一体的监管体系。

2021年12月，国家互联网信息办公室、工业和信息化部、公安部、国家市场监督管理总局联合印发《互联网信息服务算法推荐管理规定》，并于2022年3月1日起施行。该文件明确了算法服务规范及备案，算法推荐服务应保护用户权益，并明确网信部门会同电信、公安、市场监管等有关部门建立算法分级分类安全管理制度，以及具有舆论属性或者社会动员能力的算法推荐服务提供者应当在提供服务之日起10个工作日内通过互联网信息服务算法备案系统备案等监管机制。

2022年11月，国家互联网信息办公室、工业和信息化部、公安部联合发布《互联网信息服务深度合成管理规定》，并于2023年1月10日起施行，规范了人脸生成、替换、操控等深度合成技术。该文件提出提供深度合成服务，应当遵守法律法规，尊重社会公德和伦理道德；深度合成服务提供者应当建立科技伦理审查、数据安全、个人信息保护等管理制度，具有安全可控的技术保障措施。

近年来，生成式人工智能技术（如ChatGPT等）快速发展，为经济社会发展带来新机遇和新变革，但也伴随着潜在的伦理风险，例如，侵害个人信息权益、数据安全和偏见歧视等。如何统筹生成式人工智能发展和安全受到国内外普遍关注，引发了热烈讨论。为应对ChatGPT等技术带来的潜在风险，2023年7月，国家互联网信息办公室、国家发展改革委、教育部、科技部、工业和信息化部、公安部、国家新闻出版广电总局等7部门联合发布《生成式人工智能服务管理暂行办法》，于 2023 年 8 月 15 日起施行，以促进生成式人工智能健康发展和规范应用，维护国家安全和社会公共利益，保护公民、法人和其他组织的合法权益。该办法提出国家坚持发展和安全并重、促进创新和依法治理相结合的原则，采取有效措施鼓励生成式人工智能创新发展，对生成式人工智能服务实行包容审慎和分类分级监管，明确了提供和使用生成式人工智能服务总体要求。2025 年 3 月 7 日，国家网信办、工业和信息化部、公安部、国家广播电视总局联合印发《人工智能生成合成内容标识办法》，明确网络信息服务提供者对利用人工智能技术生成、合成的文本、图片、音频、视频、虚拟场景等信息应当按规定进行标识，为规范人工智能生成合成内容标识提供了制度依据。

第四章

我国科技伦理治理的探索与实践

CHAPTER 4

2019 年以来，党中央、国务院高度重视科技伦理治理工作，不断健全科技伦理治理体制，加强科技伦理治理制度保障，强化科技伦理审查监管，开展科技伦理教育宣传。本章主要介绍我国科技伦理治理体系构建，以及各地方、创新主体、科技类社团等开展科技伦理治理的探索与实践。

第一节

科技伦理治理的顶层设计

党中央、国务院高度重视科技伦理治理。习近平总书记多次对科技伦理工作作出重要指示，在2021年两院院士大会和中国科协第十次全国代表大会上指出，科技是发展的利器，也可能成为风险的源头，要前瞻研判科技发展带来的规则冲突、社会风险、伦理挑战，完善相关法律法规、伦理审查规则及监管框架。

2019年以来，党中央、国务院将科技伦理治理工作放在事关科技创新全局的重要位置，逐渐做到与科技创新同谋划、同部署、同布局，从成立国家科技伦理委员会、加强科技伦理治理战略部署、出台科技伦理治理顶层制度文件等方面完善科技伦理治理顶层设计（见图4–1）。

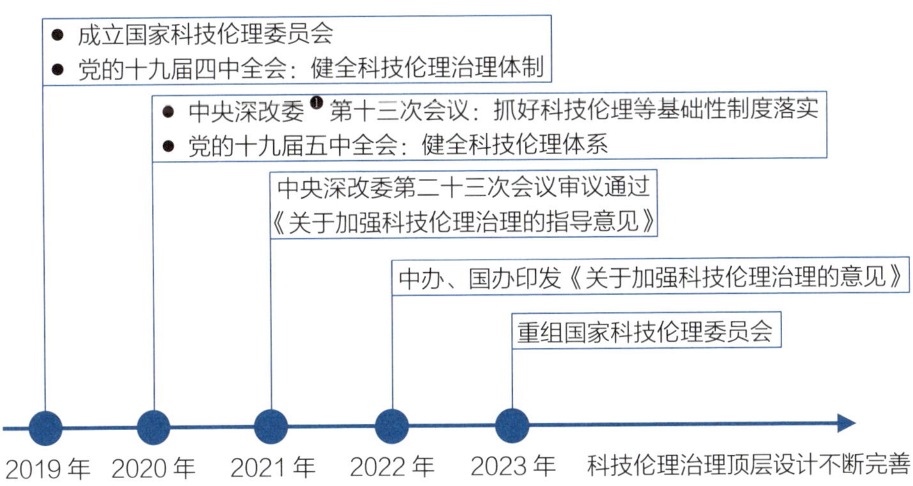

图4–1　我国科技伦理治理顶层设计过程

[1] 中央全面深化改革委员会（以下简称中央深改委）。——编者注

一、成立国家科技伦理委员会

2019年7月，中央全面深化改革委员会第九次会议审议通过了《国家科技伦理委员会组建方案》，提出成立国家科技伦理委员会的目的是加强统筹规范和指导协调，推动构建覆盖全面、导向明确、规范有序、协调一致的科技伦理治理体系，并首次提出“要抓紧完善制度规范，健全治理机制，强化伦理监管，细化相关法律法规和伦理审查规则，规范各类科学研究活动”等任务。

2019年10月，国家科技伦理委员会正式成立，并设立生命科学、医学、人工智能三个分委员会。2023年3月，中共中央、国务院印发《党和国家机构改革方案》，提出成立中央科技委员会，作为党中央决策议事协调机构；国家科技伦理委员会作为中央科技委员会领导下的学术性、专业性专家委员会。明确国家科技伦理委员会作为中央科技委员会领导下的学术性、专业性专家委员会，充分体现党中央对科技伦理治理的重视，也体现了科技伦理治理工作的重要性。

二、加强科技伦理治理战略部署

党的十九届四中、五中全会等会议对完善科技创新体制机制、提升科技治理体系和能力水平作出重要部署，将科技伦理治理作为这一系列重要部署中的重要内容。

2019年10月，党的十九届四中全会通过的《中共中央关于坚持和完善中国特色社会主义制度推进国家治理体系和治理能力现代化若干重大问题的决定》提出，完善科技创新体制机制，健全科技伦理治理体制。

2020年4月，中央全面深化改革委员会第十三次会议指出，要抓好科研经费管理、科研评价、科技伦理、作风学风建设等基础性制度落实，激发创新创造活力。

2020 年 10 月，党的十九届五中全会通过的《中共中央关于制定国民经济和社会发展第十四个五年规划和二〇三五年远景目标的建议》提出，完善科技创新体制机制，健全科技伦理体系。

2024 年 7 月，党的二十届三中全会通过《中共中央关于进一步全面深化改革、推进中国式现代化的决定》强调“加强科技伦理治理”。

三、出台科技伦理治理顶层制度文件

2022 年 3 月，中共中央办公厅、国务院办公厅印发《关于加强科技伦理治理的意见》，这是我国第一个国家层面的科技伦理治理框架性文件。该文件明确了科技活动应遵循的科技伦理原则，规定了科技伦理的治理要求，彰显了中国加强科技伦理治理的立场和态度；构建了科技伦理治理体制，对政府、创新主体、科技社团、科技人员等不同主体在科技伦理治理中的职责作出明确规定，提出具体要求；从规范标准、监管制度、法律法规等不同层面，对科技伦理治理制度建设进行了总体设计，作出了具体安排；系统提出了科技伦理审查和监管措施，加强科技伦理风险预警和防控，对违背科技伦理要求的行为，要依法依规严肃查处。

该文件的出台对科技伦理治理作出顶层设计和系统部署，构建了我国科技伦理治理的基本模式、监管框架、制度体系，为增进人类福祉、推动构建人类命运共同体提供有力科技支撑。可以说，随着《关于加强科技伦理治理的意见》的出台，我国初步完成了科技伦理治理的顶层制度设计。

第二节

我国科技伦理治理体系的构建

2019 年以来，我国科技伦理治理体系快速推进。目前，我国从科技伦理治理体制、制度保障、审查监管、教育宣传等方面，初步构建了具有中国特色的科技伦理治理体系。

一、健全科技伦理治理体制

（一）政府部门

我国各级政府部门积极构建多方参与、协同共治的科技伦理治理体制。

2023 年，党和国家机构改革后，国家科技伦理委员会作为中央科技委员会领导下的学术性、专业性专家委员会。

科技部负责统筹指导全国科技伦理监管工作，有关科技伦理审查监管的重要事项应听取国家科技伦理委员会的专业性、学术性咨询意见。科技部承担国家科技伦理委员会办公室日常工作。

各地方、相关行业主管部门按照职责权限和隶属关系具体负责本地方、本系统科技伦理治理工作。各有关部门不断细化落实党中央、国务院关于健全科技伦理体系，加强科技伦理治理的各项部署，完善组织领导机制，明确分工，加强协作，扎实推进实施。

（二）创新主体

高等学校、科研机构、医疗卫生机构、企业等创新主体要履行科技伦理管理主体责任。创新主体落实科技伦理管理主体责任主要应当建立常态化工作机制，加强科技伦理日常管理；根据实际情况设立本单位的科技伦理（审查）委员会，并为其独立开展工作提供必要条件。从事生命科学、医学、人工智能等科技活动的单位，研究内容涉及科技伦理敏感领域的，应设立科技伦理（审查）委员会；做好开展纳入《科技伦理审查办法（试行）》中规定的清单管理的科技活动的专家复核申请；及时在国家科技伦理管理信息登记平台登记相关信息；作为第一责任主体调查处理本单位内部的科技伦理违规行为等。

（三）科技类社会团体

科技类社会团体是科技工作者及相关科研、科技院校、科技型企业单位自愿组成的具有非政府非营利组织属性的科学共同体。

科技类社会团体是科技伦理治理的重要参与者，需要积极发挥教育引导和行业自律作用。根据《关于加强科技伦理治理的意见》，从相关部门的角度看，要健全科技伦理治理社会组织体系，强化学术研究支撑；从科技类社会团体的角度看，相关学会、协会、研究会等科技类社会团体要组织动员科技人员主动参与科技伦理治理，促进行业自律，加强与高等学校、科研机构、医疗卫生机构、企业等的合作，开展科技伦理知识宣传普及，提高社会公众的科技伦理意识。

（四）科技人员

科技人员是科技活动的最主要实施者，需要提高并践行科技伦理意识和自律意识，需要在研究方案设计、研究实施、研究成果运用等各个环节中进行伦理考量。因此，除了遵守相关法律法规和政策规范的科技伦理要求外，科技人员还要自觉遵守科技伦理要求，开展负责任的创新实践。

科技人员要主动学习科技伦理知识，增强科技伦理意识，自觉践行科技伦理原则，坚守科技伦理底线，发现违背科技伦理要求的行为，要主动报告、坚决抵制。科技项目或课题负责人要严格按照科技伦理审查批准的范围开展研究，加强对团队成员和项目（课题）研究实施全过程的伦理管理，发布、传播和应用涉及科技伦理敏感问题的研究成果应当遵守有关规定、严谨审慎。

二、加强科技伦理制度保障

科技伦理制度体系建设主要包括制定完善科技伦理规范和标准、建立科技伦理审查和监管制度、提高科技伦理治理法治化水平、加强科技伦理理论研究。

（一）科技伦理规范和标准

我国目前已经发布的科技伦理规范标准主要集中在生命医学、实验动物等领域，相关单位或团体正在加快制定人工智能等新兴技术领域及交叉领域的科技伦理规范和标准，已有部分领域发布了伦理指引。如生命医学领域的《涉及人的临床研究伦理审查委员会建设指南》《人—非人动物嵌合体研究伦理指引》《人类基因组编辑研究伦理指引》；实验动物领域的《实验动物　福利伦理审查指南》（GB/T 35892—2018）；人工智能领域的《新一代人工智能伦理规范》；新兴技术交叉领域的《脑机接口研究伦理指引》等。

（二）科技伦理审查和监管制度

《科技伦理审查办法（试行）》作为现阶段我国覆盖各领域科技伦理审查的综合性、通用性规定，对科技伦理审查的适用范围、程序和标准、科技伦理（审查）委员会的建设和管理以及科技伦理审查监管职责等做出了明确规定。从细分领域来看，生命科学、医学、实验动物等领域都制定了相关的科技伦理审查和监管制度。

（三）科技伦理治理法治化

我国多部法律规定了科技伦理条款，例如，《中华人民共和国科学技术进步法》增加了科技伦理治理的相关要求；从事与人体基因、人体胚胎等相关的生命医学研究及临床试验活动的伦理规范被纳入《民法典》;《刑法修正案（十一）》规定了克隆人类胚胎、违反基因编辑伦理规范等行为的入刑标准及刑事责任条款。根据《关于加强科技伦理治理的意见》，重点加强生命科学、医学、人工智能等领域的科技伦理立法研究，及时推动将重要的科技伦理规范上升为国家法律法规。

（四）科技伦理制度研究

发挥国家科技伦理委员会及生命科学、医学、人工智能分委员会的作用，开展科技伦理重大疑难、前瞻问题研究，提出本领域科技伦理规范指引等。国家有关部门正在推动相关机构、智库、社会团体、科技人员等开展科技伦理理论探索，加强对科技创新中伦理问题的前瞻研究。

三、强化科技伦理监督管理

（一）加强科技伦理监管

2023 年 3 月发布的《党和国家机构改革方案》提出，组建中央科技委员会作为党中央决策议事协调机构，中央科技委员会办事机构职责由重组后的科学技术部整体承担。根据《科技伦理审查办法（试行）》，科技部负责统筹指导全国科技伦理监管工作，有关科技伦理审查监管的重要事项应听取国家科技伦理委员会的专业性、学术性咨询意见。此外，科技部还负责建设国家科技伦理管理信息登记平台，为地方、相关行业主管部门加强科技伦理监管提供相应支撑。

根据《关于加强科技伦理治理的意见》和《科技伦理审查办法（试行）》，各地方、相关行业主管部门按照职责权限和隶属关系负责本地方、本系统的科技伦理审查监督管理工作。

（二）压实科技伦理管理主体责任

高等学校、科研机构、医疗卫生机构、企业等单位应履行科技伦理管理主体责任，健全本单位科技伦理监管机制和审查质量控制、监督评价机制，经常性开展单位工作人员的科技伦理教育培训，加强对纳入清单管理的科技活动的动态跟踪、风险评估与防控、伦理事件应急处置等。

创新主体应提供必要条件，保证科技伦理（审查）委员会独立开展伦理审查工作，按要求在国家科技伦理管理信息登记平台做好相关登记工作。开展纳入清单管理科技活动的承担单位应该组织好专家复核的申请工作，加强对本单位开展的纳入清单管理的科技活动的跟踪审查和动态管理，并在国家科技伦理管理信息登记平台及时登记。

（三）建立信息化监管平台

建立科技伦理信息化平台是加强科技伦理监管的重要抓手。我国目前的科技伦理信息化平台有国家科技伦理管理信息登记平台、医学研究登记备案信息系统、药物临床试验登记与信息公示平台。

（四）查处科技伦理违法违规行为

《科技进步法》《民法典》《刑法修正案（十一）》等相关法律法规、《关于加强科技伦理治理的意见》《科技伦理审查办法（试行）》《涉及人的生命科学和医学研究伦理审查办法》等政策制度均规定了科技伦理违法违规行为的查处办法。

四、完善科技伦理审查体系

（一）科技伦理（审查）委员会

自 2023 年 9 月科技部等十部门联合印发《科技伦理审查办法（试行）》以来，我国已形成了综合性伦理审查规范、分领域伦理审查规范的科技伦理审查体系。创新主体可以根据从事的科技活动领域，确定科技伦理（审查）委员会的建设参考标准和要求。

随着新兴技术领域及其交叉领域的伦理审查需求不断增加，国家有关部门正在按任务部署要求和职责权限推动相关领域科技伦理审查制度的研究制定，涉及科技伦理审查的相关领域审查制度体系正在不断健全。

（二）专家复核机制

专家复核的主要目的是加强对存在较大伦理风险的科技活动的监管。专家复核机制是在充分调研国外对科技伦理高风险科技活动伦理监管的基础上研究形成的。专家复核不是对科技活动的重新审查，而是对单位伦理审查委员会做出的初步审查意见的合规性、合理性等进行审核把关。

根据文件要求，地方和相关行业主管部门应建立本地方、本系统专家复核工作机制，组织成立复核专家组，采取会议等适当方式开展复核。专家复核意见应及时反馈科技活动承担单位，单位伦理（审查）委员会应认真研究专家复核意见，做出最终审查决定。

（三）专业性、区域性科技伦理审查中心

《关于加强科技伦理治理的意见》提出探索建立专业性、区域性科技伦理审查中心。相关部门正在按照任务部署开展工作。专业性、区域性科技伦理审查中心今后的重要职能是满足没有条件成立科技伦理（审查）委员会的单位的科技伦理审查需求，同时，也可为人工智能等新兴技术领域的科技伦理审查工作提供服务或支撑。随着 2019 年以来我国科技伦理治理工作的全面推进，有的地方成立了专业性、区域性伦理审查中心或类似机构。

（四）国际合作研究的伦理审查

加强对国际合作研究活动的科技伦理审查和监管。国际合作研究活动应符合合作各方所在国家的科技伦理管理要求，并通过合作各方所在国家的科技伦理审查。对存在科技伦理高风险的国际合作研究活动，由地方和相关行业主管部门组织专家对科技伦理审查结果开展复核。

《科技伦理审查办法（试行）》规定，国际合作科技活动属于本办法第二条所列范围的，应通过合作各方所在国家规定的科技伦理审查后方可开展。

上述关于国际合作研究的规定，明确了现阶段我国相关单位和科技人

员开展国际合作研究项目的基本要求。对国际合作研究进行规制具有重要的意义，一方面是维持我国负责任创新大国的形象的必要需求，另一方面也可以防止“伦理倾销”事件发生。

五、开展科技伦理教育宣传

（一）科技伦理教育培训

将科技伦理教育作为相关专业学科本专科生、研究生教育的重要内容。鼓励有条件的高等学校开设与科技伦理教育相关的课程。完善各类科技伦理人才培养机制，培养高素质、专业化的科技伦理人才队伍。加强科技伦理培训，引导科技人员自觉遵守科技伦理要求，开展负责任的研究与创新。行业主管部门、各地方和相关单位应定期对科技伦理（审查）委员会成员开展培训。

（二）科技伦理宣传

鼓励各类学会、协会、研究会等搭建科技伦理宣传交流平台，传播科技伦理知识。开展面向社会公众的科技伦理宣传，推动公众提升科技伦理意识，理性对待科技伦理问题。鼓励科技人员就科技创新中的伦理问题与公众交流。对存在公众认知差异、可能带来科技伦理挑战的科技活动，相关单位及科技人员等加强科学普及，引导公众科学对待。新闻媒体自觉提高科技伦理素养，科学、客观、准确地报道科技伦理问题，避免把科技伦理问题泛化。

第三节

各地方科技伦理治理实践

《关于加强科技伦理治理的意见》发布实施以来，各地方积极推动落实健全科技伦理治理体制、加强科技伦理治理制度保障、强化科技伦理审查和监管、开展科技伦理教育和宣传等方面任务，取得了良好进展。

一、出台落实科技伦理治理相关文件

自《关于加强科技伦理治理的意见》发布以来，各地积极研究制定相关落实文件。出台的科技伦理治理相关文件包括综合类治理文件和特定领域治理文件，综合类治理文件以落实《关于加强科技伦理治理的意见》为主，名称多为“实施意见”“实施方案”“若干措施”“任务分工”等。例如《浙江省关于加强科技伦理治理的实施意见》《广东省关于加强科技伦理治理的实施方案》《天津市关于加强科技伦理治理的若干措施》《福建省关于贯彻落实加强科技伦理治理意见的任务分工》等。特定领域治理文件主要涉及省级科技伦理委员会成立、科技计划项目伦理监管、区域科技伦理审查中心建设、科技伦理审查委员会（中心）登记管理、人工智能伦理监管等方面。安徽省科技厅等部门联合印发《关于认真贯彻落实〈科技伦理审查办法（试行）〉的通知》，进一步明确了科技伦理审查相关要求。浙江省科技厅印发《科技伦理（审查）委员会建设指引（2024 版）》，为规范相关单位科技伦理（审查）委员会建设与管理提供参考指导。

二、成立省级科技伦理（治理）委员会

云南省、新疆维吾尔自治区、辽宁省、湖南省、甘肃省、浙江省、吉林省、重庆市等地先后成立省级科技伦理（治理）委员会或专家咨询委员会，支撑开展本地方科技伦理治理工作。从职能上看，成立的省级科技伦理（治理）委员会多以指导统筹协调本地方的科技伦理治理整体工作为主。例如，湖南省科技伦理治理委员会指导和统筹协调推进湖南省科技伦理治理体系建设工作，并指导各市州和相关行业主管部门开展科技伦理治理工作。新疆维吾尔自治区科技伦理专家咨询委员会，为自治区科技伦理重大决策提供咨询意见。

三、建立健全科技伦理治理协调工作机制

北京市、上海市、湖北省、贵州省、江苏省等省市在现有科研诚信建设等工作机制的基础上，建立完善落实党中央、国务院关于科技伦理治理决策部署的工作机制。上海市和北京市分别建立了科技伦理和科研诚信建设协调机制。湖北省建立省科研诚信和科技伦理治理联动协同机制，协同机制明确了责任分工、夯实主体责任，并突出医药卫生等重点领域，加强科技伦理审查能力建设。贵州省建立贵州省科技伦理厅际联席会议，协调推进科技伦理治理工作。江苏省建立科技伦理治理省级部门协调推进工作机制。

四、加强地方科技计划项目伦理监管

部分省市在出台的科技伦理治理文件中明确加强对财政资金设立的各类科技计划（专项）的科技伦理监管，推动科技伦理监管贯穿科技计划项目指南编制、审批立项、过程管理、结题验收、监督评估等各个环节。黑

龙江省、云南省、江苏省提出加强对团队成员和项目（课题）研究全过程的伦理管理，江苏省还提出把科技人员落实科技伦理规范要求的情况作为申请科研项目、评优评奖的重要参考，并要求生命科学、医学、人工智能等重点领域的省级科技计划项目申报须签订科技伦理承诺书。天津市、青岛市等出台科技计划项目伦理管理文件，推动科技伦理监管贯穿财政科研项目指南编制、审批立项、过程管理、结题验收、监督评估等各个环节。

五、建立专业性、区域性科技伦理审查中心

有的省份在落实《关于加强科技伦理治理的意见》的相关文件中明确规定要建立专业性、区域性科技伦理审查中心，推动地区或行业的伦理监管及审查，有的则单独出台文件予以明确。浙江省的文件提出要在三大科创高地相关重点领域探索建立专业性、区域性科技伦理审查中心。江苏省的文件提出在苏南国家自主创新示范区、江苏自由贸易试验区先行先试，探索建立专业性、区域性科技伦理审查中心。江苏省还先后成立南京临床研究伦理协作审查联盟、区域临床研究伦理协作审查平台等区域性伦理审查机构。黑龙江省明确要探索成立生命科学、医学、人工智能等专业科技伦理审查中心，推动地区或行业的伦理审查及监管。黑龙江省科技厅还专门印发《黑龙江省科技伦理审查中心备案管理办法（试行）》，对省科技伦理审查委员会（中心）进行备案管理。湖南省科技厅、省教育厅、省工业和信息化厅等 11 家单位联合印发《湖南省区域科技伦理审查中心建设方案》，率先成立湖南省区域科技伦理审查中心。

六、通过立法建立人工智能伦理监管机制

上海市、深圳市等地在人工智能地方性法规中明确建立人工智能伦理

监管机制。《上海市促进人工智能产业发展条例》明确设立人工智能伦理专家委员会，发挥其在人工智能领域伦理规范方面的作用。《深圳经济特区人工智能产业促进条例》确立了人工智能伦理治理机制，对政府、行业组织、企业等相关主体的责任作出明确规定。

第四节 创新主体科技伦理管理现状

高校、科研机构、医疗卫生机构、企业等创新主体积极落实《关于加强科技伦理治理的意见》相关要求，在加强科技伦理审查委员会建设、规范科技伦理审查和管理、开展科技伦理教育培训等方面取得明显进展和成效。

一、高校加强科技伦理审查委员会建设和科技伦理教育培训

高校加强科技伦理审查委员会建设，统筹高校科技伦理审查和管理。自 2019 年国家科技伦理委员会成立以来，相关高校结合自身实际，积极加强科技伦理审查委员会建设，成立校级科技伦理委员会，统筹开展生命科学、医学、人工智能等领域的科技伦理审查和管理。例如，清华大学成立校科技伦理委员会，作为统筹规范学校科技伦理治理的学术机构。上海大学和上海交通大学成立综合性校科技伦理委员会，规范科技伦理审查和相关科技活动，出台科技伦理委员会章程等制度文件，明确科技伦理审查工作流程和管理机制。复旦大学、中南大学等成立校级伦理委员会，统筹管理生命伦理委员会、实验动物福利伦理委员会和生物医学伦理委员会等二级伦理委员会的科技伦理相关工作。重庆邮电大学成立校级科技伦理委员

会，负责对生命科学、医学、人工智能等领域的科技活动开展伦理审查。中国药科大学、南京农业大学、成都中医药大学、湖南大学、新疆农业大学等高校均建有实验动物福利伦理委员会，规范涉及实验动物的科技活动。

高校积极推动科技伦理教育研究和专业课程建设。复旦大学依托哲学一级学科和跨学科的应用伦理学研究中心、生命医学伦理研究中心等启动应用伦理专业硕士招生。清华大学受教育部委托，牵头组建高校科技伦理教育专项工作专家组和工作组，积极推动科技伦理教育的课程建设和教材开发，重视开展科技伦理教育的理论和政策研究。中南大学等高校开设科技伦理相关课程，定期开展相关专业的科技伦理教育培训活动。

二、科研机构建立完善科技伦理审查和管理机制

中国科学院加强院属单位科技伦理（审查）委员会的登记管理，要求完成登记工作的科技伦理委员会可正常开展伦理审查等相关工作，并接受院科技伦理委员会的统一指导和检查。北京市科学技术研究院学术委员会下设科技伦理（审查）委员会，开展对院科技活动的科技伦理审查、监督与指导工作。江苏省农科院、山东省农科院等科研机构也纷纷设立科技伦理审查委员会，强化实验动物科技伦理审查和农业转基因生物安全审查。上海人工智能实验室建设完善蒲公英人工智能治理平台（OpenEGLab），打造人工智能伦理治理工具平台。北京脑科学与类脑研究中心组建人类实验伦理委员会，对涉及人的生命科学和人工智能等交叉领域的科技活动开展伦理审查。

三、医疗卫生机构不断完善科技伦理审查和管理体系

大部分医疗卫生机构建立了科技伦理审查和管理体系，《关于加强科技

伦理治理的意见》出台后，医疗卫生机构进一步优化科技伦理审查和管理体系。例如，江苏省人民医院建立分级分类科技伦理审查机制，对不同风险等级项目进行分类审查和管理。新疆维吾尔自治区人民医院成立医院伦理委员会建立“总—分”模式的伦理委员会管理机制，统筹管理已有的药物及医疗器械临床试验、临床科研、器官移植、人类辅助生殖技术、生物医学研究、实验动物福利等 8 个专业伦理委员会。四川大学华西医院建立较为完备的伦理管理体系，设立临床研究管理部伦理办公室，统筹管理干细胞临床研究、生物医学、临床试验等伦理委员会的监督管理工作。首都医科大学附属北京友谊医院、复旦大学附属中山医院等成立院级科技伦理委员会，独立开展全院相关科技伦理审查工作。

四、相关领域企业积极加强科技伦理治理

人工智能等头部企业探索建立科技伦理委员会。阿里巴巴、百度、腾讯、商汤科技等头部企业纷纷成立科技伦理委员会或专家顾问委员会，制定科技伦理相关制度文件，提出本企业科技活动伦理治理模式，加强企业的科技伦理审查和风险防控。华为公司发布关于隐私保护治理的文件，与业界分享华为公司的隐私保护治理方法和实践经验。抖音集团探索建立算法风险评估制度，分级分类开展不同算法的风险评估。

生命医药等领域企业不断加强科技伦理管理。华大基因公司制定了规范化、体系化、公开透明和可操作性强的科技伦理管理制度。成都华西海圻医药科技公司、长沙都正生物科技股份有限公司、正大天晴药业集团股份有限公司、信达生物制药（苏州）公司等成立科技伦理委员会或实验动物伦理委员会，规范相关科技活动的伦理审查和管理。

五、科技类社团积极参与科技伦理教育培训宣传

科技类社团积极参与科技伦理研究、行业自律管理和培训宣传等活动，围绕科技伦理治理理论、伦理审查和监管、国际交流、教育培训等方面，举办年会、研讨会、论坛、沙龙等活动，对国家科技伦理新法规新政策进行宣传解读，探讨科技伦理学术前沿问题，以及科技伦理审查和监管中的热点难点等问题，在科技伦理研究和培训交流等方面发挥了重要作用。中国伦理学会于 2021 年 7 月正式成立中国伦理学会科技伦理专业委员会，挂靠在大连理工大学，科技伦理专业委员会注重加强科技伦理研究、智库咨询和学术交流平台建设，每年举办全国科技伦理论坛，开展科技伦理教育培训和普及工作。中国自然辩证法研究会下设科学技术与工程伦理专业委员会，通过年会设立科技伦理相关专题开展学术交流研讨。中国人工智能学会（CAAI）成立人工智能伦理与治理工作委员会，召开人工智能伦理治理研讨会，引导和监督行业从业者负责任地开展技术研发和应用。

中国伦理学会科技伦理专业委员会

中国伦理学会成立于 1980 年 6 月，是由中国社会科学院主管，民政部批准（社证字第 3965 号）成立的全国性社会团体。其成员由伦理学专业工作者以及有志于道德建设事业的社会工作者组成。科技伦理专业委员会是中国伦理学会的分支机构。2021 年 7 月 18 日，中国伦理学会科技伦理专业委员会成立大会暨第一届全国科技伦理论坛在大连理工大学举行。

第五章

科技伦理（审查）委员会建设

CHAPTER 5

科技伦理审查是科技伦理治理的重要内容和重要手段，科技伦理（审查）委员会是科技伦理审查工作的具体执行者。本章主要介绍我国科技伦理（审查）委员会的概念、职责、设立运行、组织管理，以及专业性、区域性科技伦理审查中心建设等内容。科技伦理审查程序及要求等内容将在第六章科技伦理审查规范中详细介绍。

第一节

科技伦理（审查）委员会的概念及职责

一、科技伦理（审查）委员会的概念及界定

在我国实践中，具备科技伦理审查职责的伦理委员会有不同的名称。2023 年 2 月，国家卫生健康委、教育部、科技部、国家中医药局联合印发的《涉及人的生命科学和医学研究伦理审查办法》将具备伦理审查职责的伦理委员会表述为“伦理审查委员会”，以区别于一些不具有伦理审查职责的医院伦理委员会。就具体领域而言，在生命医学领域，具备伦理审查职责的伦理委员会被称为“伦理审查委员会”；在实验动物领域，根据《实验动物　福利伦理审查指南》（GB/T 35892—2018），具备伦理审查职责的伦理委员会被称为“实验动物福利伦理委员会”或者“实验动物管理和使用委员会（IACUC）”等；在药物和医疗器械临床试验领域，相关制度规范将具备伦理审查职责的委员会表述为“伦理委员会”。

2022 年 3 月，中共中央办公厅、国务院办公厅印发的《关于加强科技伦理治理的意见》首次使用了“科技伦理（审查）委员会”这一名称。2023 年 9 月，科技部会同教育部、工业和信息化部等十部门联合印发的《科技伦理审查办法（试行）》沿用了“科技伦理（审查）委员会”的名称。考虑到我国实践中具备伦理审查职责的伦理委员会名称各异，《关于加强科技伦理治理的意见》《科技伦理审查办法（试行）》等制度文件采用“科技伦理（审查）委员会”这一总称，并没有对现有各类伦理委员会名称作出严格规定和要求，各单位可以根据自身需求，设立的伦理委员会可

以命名为科技伦理审查委员会、科技伦理委员会、医学伦理审查委员会、生命医学伦理审查委员会、干细胞伦理（审查）委员会、人工智能伦理（审查）委员会等。此外，我国科技伦理治理制度文件对各单位设立科技伦理（审查）委员会的数量没有限制，相关单位可以根据所涉及的具体领域和伦理审查需要，设立一个综合性或者多个分领域的科技伦理（审查）委员会。

综上，本书所称的科技伦理（审查）委员会是具备履行科学研究、技术开发等科技活动伦理审查职责的伦理委员会的总称，是科技伦理审查的具体执行者。

二、科技伦理（审查）委员会的职责

科技伦理审查作为科技伦理（审查）委员会最基本的职责，在我国现有生命科学、医学伦理制度文件中已有规定。

早在 2003 年，原卫生部颁布《人类辅助生殖技术和人类精子库伦理原则》，明确规定生殖医学伦理委员会的职责：依据文件中所提原则对人类辅助生殖技术的全过程和有关研究进行监督，开展生殖医学伦理宣传教育，并对实施中遇到的伦理问题进行审查、咨询、论证和建议。

2020 年 4 月，国家药品监督管理局会同国家卫生健康委修订发布《药物临床试验质量管理规范》，规定伦理委员会的职责是保护受试者的权益和安全，特别关注弱势受试者。

2023 年 2 月，国家卫生健康委、教育部、科技部、国家中医药局联合印发《涉及人的生命科学和医学研究伦理审查办法》，规定伦理审查委员会的职责：

（1）对涉及人的生命科学和医学研究进行伦理审查，包括初始审查和跟踪审查；

（2）受理研究参与者的投诉并协调处理，确保研究不会将研究参与者置于不合理的风险之中；

（3）组织开展相关伦理审查培训，提供伦理咨询。

此外，以上伦理制度文件还对伦理委员会的伦理咨询、培训、制度建设、投诉处理等职责作了规定。

2023 年 9 月，科技部会同教育部、工业和信息化部等十部门联合发布《科技伦理审查办法（试行）》，作为我国综合性、通用性的科技伦理审查制度规范，在上述相关伦理审查制度规定的伦理委员会职责的基础上，对科技伦理（审查）委员会的职责作出了更加全面、细致的规定，主要职责如下：

（1）制定完善科技伦理（审查）委员会的管理制度和工作规范；

（2）提供科技伦理咨询，指导科技人员对科技活动开展科技伦理风险评估；

（3）开展科技伦理审查，按要求跟踪监督相关科技活动全过程；

（4）对拟开展的科技活动是否属于需要开展伦理审查复核的科技活动清单范围作出判断；

（5）组织开展对委员的科技伦理审查业务培训和科技人员的科技伦理知识培训；

（6）受理并协助调查相关科技活动中涉及科技伦理问题的投诉举报；

（7）按要求配合所在单位在国家科技伦理管理信息登记平台做好科技伦理（审查）委员会和纳入清单管理科技活动的登记、提交上一年度科技伦理（审查）委员会报告，配合地方、相关行业主管部门开展涉及科技伦理审查的相关工作。

科技伦理（审查）委员会上述 7 项主要职责中，除了伦理制度建设（1）、伦理审查（3）、伦理培训（5）、投诉处理（6）等职责在之前的伦理制度文件出现外，需要特别注意《科技伦理审查办法（试行）》规定的

（2）、（4）、（7）项职责，下面详细介绍。

（一）指导科技人员开展科技伦理风险评估

根据《科技伦理审查办法（试行）》的规定，开展科技伦理审查前，应该先对科技活动开展科技伦理风险评估。科技伦理风险评估主要目的是让科技人员对其开展的科技活动进行预先自评估。科技伦理风险评估需要科技伦理（审查）委员会和科技人员共同完成。科技人员熟悉其将要开展的具体科技活动，但可能较少关注或了解科技活动涉及的伦理问题和潜在风险，需要科技伦理（审查）委员会协助科技人员对科技活动进行伦理把关。因此，《科技伦理审查办法（试行）》要求科技伦理（审查）委员会制定适用本单位的科技伦理风险评估办法或者指南性文件，指导科技人员开展科技伦理风险评估。

（二）判断科技活动是否属于清单管理范围

《科技伦理审查办法（试行）》明确规定了科技伦理审查的专家复核程序，对可能产生较大伦理风险挑战的新兴领域科技活动实施清单管理。开展纳入清单管理的科技活动的科技人员，在通过本单位科技伦理（审查）委员会的初步审查后，由本单位向所在地方或者行业主管部门提请专家复核。

如何判断某项科技活动是否属于需要开展伦理审查复核的科技活动清单范围，是科技伦理（审查）委员会的主要职责之一。《科技伦理审查办法（试行）》以附件形式列出了需要开展伦理审查复核的科技活动清单，科技伦理（审查）委员会应该依据该清单对拟开展的科技活动是否属于纳入清单管理的科技活动作出明确判断。因此，科技伦理（审查）委员会应该特别重视该项职责，加强教育培训，提升伦理审查业务能力。

（三）协助开展科技伦理管理信息登记和报告

根据《科技伦理审查办法（试行）》的规定，高等学校、科研机构、医疗卫生机构、企业等单位，应按照有关要求在国家科技伦理管理信息登记平台做好相关信息登记和报告工作。登记内容主要有两方面，一是科技伦理（审查）委员会的设立情况，包括科技伦理（审查）委员会组成、章程、工作制度等；二是纳入清单管理的科技活动信息，包括科技活动实施方案、伦理审查与复核情况等。报告内容主要是上一年度科技伦理（审查）委员会工作报告以及纳入清单管理的科技活动实施情况报告等。在上述需要登记和报告的信息中，需要科技伦理（审查）委员会提供相关信息，协助所在单位做好信息登记和报告工作。

第二节
科技伦理（审查）委员会的设立和运行管理

一、科技伦理（审查）委员会的设立标准和要求

目前，我国在涉及人的生命科学和医学研究、药物和医疗器械临床试验、实验动物等领域的科技伦理制度规范中已明确规定了各领域科技伦理（审查）委员会的设立标准及相关要求。《科技伦理审查办法（试行）》规定了适用于各领域科技伦理（审查）委员会的通用设立标准及要求，各领域相关行业主管部门对本领域科技伦理（审查）委员会设立有特殊要求且不低于《科技伦理审查办法（试行）》规定的设立标准的，从其规定。

（一）科技伦理（审查）委员会设立的通用标准和要求

1. 科技伦理（审查）委员会的设立主体

《关于加强科技伦理治理的意见》《科技伦理审查办法（试行）》均规定了科技伦理（审查）委员会的设立主体和条件，要求从事生命科学、医学、

人工智能等科技活动的单位，研究内容涉及科技伦理敏感领域的，应设立科技伦理（审查）委员会。其他有科技伦理审查需求的单位可根据实际情况设立科技伦理（审查）委员会。

从上述规定中可以看出，从事生命科学、医学、人工智能等科技活动的单位，如果研究内容涉及科技伦理敏感领域，则应当设立科技伦理（审查）委员会。对于不具备设立科技伦理（审查）委员会条件的单位，或者本单位科技伦理（审查）委员会无法满足伦理审查需求的单位，可以委托其他单位的科技伦理（审查）委员会开展审查。

2. 科技伦理（审查）委员会的组成

《科技伦理审查办法（试行）》规定了科技伦理（审查）委员会设立的通用标准和要求，即科技伦理（审查）委员会人数应不少于 7 人，设主任委员 1 人，副主任委员若干。科技伦理（审查）委员会由具备相关科学技术背景的同行专家，伦理、法律等相应专业背景的专家组成，应当有不同性别和非本单位的委员，民族自治地方应当有熟悉当地情况的委员。

3. 科技伦理（审查）委员会委员的资质要求

《科技伦理审查办法（试行）》规定了科技伦理（审查）委员会委员应具备相应的科技伦理审查能力和水平，科研诚信状况良好，并遵守相关要求。委员任期不超过 5 年，可以连任。

《科技伦理审查办法（试行）》对委员的要求

科技伦理（审查）委员会委员应具备相应的科技伦理审查能力和水平，科研诚信状况良好，并遵守以下要求：

（1）遵守我国宪法、法律、法规和科技伦理有关制度规范及所在科技伦理（审查）委员会的章程制度；

（2）按时参加科技伦理审查会议，独立公正发表审查意见；

（3）严格遵守保密规定，对科技伦理审查工作中接触、知悉的国家秘密、个人隐私、个人信息、技术秘密、未公开信息等，未经允许不得泄露或用于其他目的；

（4）遵守利益冲突管理要求，并按规定回避；

（5）定期参加科技伦理审查业务培训；

（6）完成委员会安排的其他工作。

（二）各领域伦理审查委员会的设立标准及要求

在涉及人的生命科学和医学研究、药物和医疗器械临床试验、实验动物等领域的科技伦理制度规范中，还规定了相关领域伦理审查委员会的其他设立标准和要求，见表5–1。

表5–1　各领域伦理审查委员会的设立标准和要求

文件名称	设立标准和要求
《涉及人的生命科学和医学研究伦理审查办法》	1. 应从生命科学、医学、生命伦理学、法学等领域的专家和非本机构的社会人士中遴选产生，人数不得少于7人，并且应当有不同性别的委员，民族地区应当考虑少数民族委员。 2. 委员任期不超过5年，可以连任。伦理审查委员会设主任委员1人，副主任委员若干人，由伦理审查委员会委员协商推举或者选举产生，由机构任命。必要时可聘请独立顾问，提供专业咨询意见。独立顾问不参与表决，不得存在利益冲突。 3. 委员应具备相应的伦理审查能力，定期接受生命科学和医学研究伦理知识及相关法律法规知识培训
《药物临床试验伦理审查工作指导原则》	1. 应由多学科背景的人员组成，包括从事医药相关专业人员、非医药专业人员、法律专家，以及独立于研究/试验单位之外的人员，至少5人，且性别均衡。确保伦理委员有资格和经验共同对试验的科学性及伦理合理性进行审阅和评估。 2. 委员可采用招聘、推荐等方式产生。委员会设主任委员1名，副主任委员若干名，由委员选举产生

续表

文件名称	设立标准和要求
《干细胞临床研究管理办法（试行）》	机构伦理委员会应由了解干细胞研究的医学、伦理学、法学、管理学、社会学等专业人员及至少一位非专业社会人士组成，人员不少于7位，负责干细胞临床研究项目独立伦理审查
《涉及人的临床研究伦理审查委员会建设指南》	1. 应由多学科专业背景的委员组成，可以包括医药领域和研究方法学、伦理学、法学等领域专家学者。应该有1名不属于本机构且与项目研究人员并无密切关系的委员（同一委员可同时符合这两项要求）。人数不少于7名。必要时可聘请特殊领域专家作为独立顾问。 2. 主任委员、副主任委员和其他委员人选由医疗机构负责提议推荐。主任委员、副主任委员人员应在医疗机构内具有较高威望与声誉，其推举也可由伦理审查委员会委员协商决定。医疗卫生机构法人代表或科研主管部门负责人不担任主任委员／副主任委员。所有委员产生程序以文件形式备案，该备案文件包括推荐职务和任期，以及所有委员的个人简历。 3. 委员每届任期不超过5年，可连任，最长任期无限制。委员应经基本专业培训并获省级或以上级别的科研伦理培训证书。参与药物临床试验伦理审查的委员应按要求获得国家药监局认可的药品临床试验管理规范（GCP）培训证书。委员应具有较强的科研伦理意识和伦理审查能力，应每2年至少参加一次省级以上（含省级）科研伦理专题培训并获得培训证书，以及参加科研伦理继续教育培训（包括线上或线下）并获得学分，其中Ⅰ类学分应不少于5分。 4. 药物／医疗器械临床试验伦理审查委员会应由多学科背景人员组成，当审查新药Ⅰ期临床试验时，若委员中缺乏临床药理学专家或临床前研究专家，必要时可邀请相关专家作为独立顾问协助审查。医疗器械项目涉及材料、电子、机械等专业领域时，如有必要也可邀请相关领域专家作为独立顾问
《实验动物　福利伦理审查指南》	1. 至少应由实验动物专家、医师、实验动物管理人员、使用动物的科研人员、公众代表等不同方面的人员组成。来自同一分支机构的委员不得超过3人。 2. 伦理委员设主席1名，副主席和委员若干。副主席和委员数量根据审查工作实际需要决定。每届任期3至5年，由组建单位负责聘任、岗前培训、解聘和及时补充成员。 3. 所有委员要承诺遵守法规、规定及标准，维护实验动物福利伦理

需要说明的是，《科技伦理审查办法（试行）》第54条规定："相关行业主管部门对本领域科技伦理（审查）委员会设立或科技伦理审查有特殊

规定且符合《科技伦理审查办法（试行）》精神的，从其规定。本办法未作规定的，按照其他现有规定执行。”因此，对于涉及人的生命科学和医学研究、药物和医疗器械临床试验、实验动物等具体领域的科技伦理（审查）委员会职责及相关要求，除应满足《科技伦理审查办法（试行）》要求外，还应遵守相关领域的规定。

二、科技伦理（审查）委员会的制度建设

科技伦理（审查）委员会的制度建设是开展科技伦理审查工作的前提，也是规范科技伦理审查、确保审查质量的基本保证，直接影响科技伦理审查水平。因此，科技伦理（审查）委员会一经设立，应当制定科技伦理（审查）委员会章程、标准操作规程（SOP）等管理制度和工作规范，并不断健全科技伦理审查质量控制、利益冲突管理、教育培训、监督保障等制度规范。

（一）科技伦理（审查）委员会章程

科技伦理（审查）委员会章程是制度建设的重要内容，通常包括科技伦理（审查）委员会的组织构架、主要职责、成员资质要求、任命及换届、伦理审查程序、监督管理、教育培训、办公室或秘书工作职责等内容。现有各领域科技伦理制度规范均对科技伦理（审查）委员会的制度建设提出了要求，详见表 5-2。

表 5-2　各领域科技伦理（审查）委员会制度建设要求

制度规范	科技伦理（审查）委员会制度建设要求
《科技伦理审查办法（试行）》	科技伦理（审查）委员会应制定章程，建立健全审查、监督、保密管理、档案管理等制度规范、工作规程和利益冲突管理机制，保障科技伦理审查合规、透明、可追溯
《涉及人的生命科学和医学研究伦理审查办法》	应建立伦理审查工作制度、标准操作规程，健全利益冲突管理机制和伦理审查质量控制机制。预先制定疫情暴发等突发事件紧急情况下的伦理审查制度

续表

制度规范	科技伦理（审查）委员会制度建设要求
《涉及人的临床研究伦理审查委员会建设指南》	应建立相应的制度文件和指南操作规程，可包括但不限于：伦理审查申请指南；伦理审查的保密措施；独立顾问的选聘制度；利益冲突的管理；培训制度；经费管理制度；受试者咨询和投诉管理制度
《药物临床试验质量管理规范》	应建立伦理委员会的组成、组建和备案的规定；会议日程安排、会议通知和会议审查的程序；初始审查和跟踪审查程序；对伦理委员会同意的试验方案的较小修正，采用快速审查并同意的程序；向研究者及时通知审查意见的程序；对伦理审查意见有不同意见的复审程序等方面的书面文件
《药物临床试验伦理审查工作指导原则》	应有书面文件说明伦理委员会的组织构架、主管部门、职责、成员资质要求、任职条件和任期、办公室工作职责、选择与任命委员与秘书的程序等
《中医药临床研究伦理审查管理规范》	应制定工作制度、岗位职责与标准操作规程，伦理委员会工作制度应明确其隶属机构、组织构架、工作职能；标准操作规程应涵盖伦理审查工作的各个环节，明确工作流程、责任人、操作细则等
《实验动物　福利伦理审查指南》	应制定章程、审查程序、监督制度、例会制度、工作纪律和专业培训计划等

（二）科技伦理（审查）委员会标准操作规程

科技伦理（审查）委员会标准操作规程是指为保证某项特定操作的一致性而制定的详细书面要求，是确保科技伦理审查工作规范性、一致性的标准化程序性文件。通常包括科技伦理审查的组织与管理、审查方式及程序、伦理审查流程、会议管理、保密和文件管理等内容（见表 5-3）。

表 5-3　科技伦理（审查）委员会标准操作规程参考内容

主要事项	操作规程主要内容
组织与管理	委员会组成、人员管理、利益冲突管理、教育培训、独立顾问选聘等
审查方式及程序	会议审查、紧急会议审查、快速审查等方式；一般程序、简易程序、专家复核程序、应急程序等

续表

主要事项	操作规程主要内容
伦理审查流程	申请及受理、初始审查、审查决定作出、审查决定送达、异议处理、跟踪审查、风险变更等动态管理、终结审查等
会议管理	会议准备、会议程序、会议记录、视频会议、通信管理等
保密和文件管理	文件保密和管理，建档、保存、查阅与复印等

三、科技伦理（审查）委员会的运行管理

（一）科技伦理（审查）委员会的监督管理要求

各单位对其设立的科技伦理（审查）委员会履行监督管理职责。根据《关于加强科技伦理治理的意见》《科技伦理审查办法（试行）》，从事科技活动的高等学校、科研机构、医疗卫生机构、企业等单位应履行科技伦理管理主体责任，应建立健全科技活动全流程科技伦理监管机制和审查质量控制、监督评价机制。因此，单位需要建立完善对科技伦理（审查）委员会的监督管理评价机制，加强对科技伦理（审查）委员会工作的日常管理，定期评估其工作质量和审查效率，确保科技伦理（审查）委员会合规开展伦理审查等工作。

（二）科技伦理（审查）委员会的运行保障条件

各单位对其设立的科技伦理（审查）委员会提供必要的人员、场地、经费等方面的支持，保障其正常运行。此外，科技伦理审查应坚持科学、独立、公正、透明原则，确保科技伦理（审查）委员会独立开展伦理审查工作。单位为科技伦理（审查）委员会的运行提供保障条件，是科技伦理监管制度的普遍要求。《科技伦理审查办法（试行）》规定，单位应为科技伦理（审查）委员会履职提供必要的工作人员、办公场所和经费等条件，并采取有效措施保障科技伦理（审查）委员会独立开展伦理审查工作。《涉及人的生命科学和医学研究伦理审查办法》规定，单位应当采取有效措施、

提供资源确保伦理审查委员会工作的独立性，为伦理审查委员会提供充足经费，配备专兼职人员、设备、场所等。《药物临床试验伦理审查工作指导原则》规定，组建伦理委员会的机构 / 部门应当向伦理委员会提供必要的支持，设立独立的办公室，具备必要的办公条件，以确保与申请人的沟通及相关文件的保密性。

（三）科技伦理（审查）委员会的档案文件管理

科技伦理审查的申请受理、初始审查、跟踪审查、动态管理等各环节均产生相当数量的书面记录和资料，对于大多数需要科技伦理审查的领域，均有档案管理的期限要求。例如，药物临床试验伦理审查文件应妥善保管至临床试验结束后 5 年或根据相关要求延长保存期限，包括伦理审查资料在内的干细胞临床研究资料需要至少保存 30 年。因此，科技伦理（审查）委员会需要建立独立的档案文件管理机制，并规范档案文件的查阅和复印，保证档案文件的安全和保密性。同时，单位应为科技伦理（审查）委员会提供独立、充足的档案保存空间。

第三节

专业性、区域性科技伦理审查中心建设

近年来，在生命医学领域，部分省市陆续建立区域伦理委员会，对健全科技伦理审查体系进行积极尝试。《关于加强科技伦理治理的意见》《科技伦理审查办法（试行）》等文件均提出，探索建立专业性、区域性科技伦理审查中心。目前，相关部门和地方正在积极探索推进专业性、区域性科技伦理审查中心建设。

一、生命医学领域区域伦理委员会建设现状

2017 年 10 月，中共中央办公厅、国务院办公厅印发的《关于深化审评审批制度改革鼓励药品医疗器械创新的意见》指出，各地可根据需要设立区域伦理委员会，指导临床试验机构伦理审查工作，可接受不具备伦理审查条件的机构或注册申请人委托对临床试验方案进行伦理审查，并监督临床试验开展。这是首次将“区域伦理委员会”写入中央政策文件，并对其职责作出规定。

区域伦理委员会在生命医学领域已有多年实践，早在 2012 年 4 月，四川中医药区域伦理审查委员会在成都成立，这是我国首个区域伦理委员会。此后，四川、山东、上海、广东、北京等省市根据本地实际情况，陆续成立区域伦理委员会，见表 5–4。

表 5–4　生命医学领域区域伦理委员会建设情况

委员会名称	成立时间	建设单位	依托单位	主要职责
四川中医药区域伦理审查委员会	2012 年 4 月	成都中医药大学附属医院、国家中医临床研究成都基地、国家中药临床试验研究成都中心	成都中医药大学附属医院	对区域内中医药研究项目开展伦理审查；对区域内有争议的中医药项目伦理审查、认定或裁决；指导监督区域内中医药伦理审查委员会等
山东省区域医药伦理审查委员会	2017 年 11 月	山东省医学伦理学学会	山东省医学伦理学学会	对区域内研究项目伦理审查和批准；对区域内有伦理争议的医药项目进行伦理审查、认定或裁决；指导监督区域内伦理委员会工作；开展医药伦理培训和学术交流等
上海市临床研究伦理委员会	2017 年 12 月	上海原卫生计生委和徐汇区人民政府	上海医药临床研究中心	对研究项目开展伦理审查（包括委托审查）

续表

委员会名称	成立时间	建设单位	依托单位	主要职责
广东省区域伦理委员会	2018年1月	广东省药学会	广东省药学会	对研究项目开展伦理审查（包括委托审查）；提供伦理审查指导服务、培训、咨询等
北京市中医药研究伦理委员会	2018年7月	北京市中医管理局	北京中联中医药项目管理与评价中心	对区域内研究项目伦理审查，接受委托审查，提供咨询、培训、教育等

二、探索建立专业性、区域性科技伦理审查中心

《关于加强科技伦理治理的意见》提出探索建立专业性、区域性科技伦理审查中心。南京、湖南、北京、广东等省市积极探索专业性、区域性伦理审查中心建设，推动科技伦理审查结果互认。

（一）南京临床研究伦理协作审查平台

2022年5月，区域临床研究伦理协作审查平台（南京）（也称“南京临床研究伦理协作审查平台”）正式上线，该平台是在江苏省药学会临床评价研究专业委员会的协调下建立的数字化临床试验服务平台。江苏省人民医院作为首届伦理联盟轮值秘书单位开展工作。

该平台旨在推动多中心临床研究伦理协作审查与结果互认，提高伦理审查效率、避免重复审查，建立了“三个统一”的工作机制，具体如下。

（1）统一标准：联盟成员伦理资料使用统一标准，一键递交所有中心；

（2）统一受理：“一站式”接收申请，统一形式审查，一次完成受理；

（3）统一互认：联盟成员建立审查结果互认机制，避免重复审查。

（二）湖南省区域科技伦理审查中心

2023年2月，湖南省科技厅、教育厅、工信厅等11个部门联合印

发《湖南省区域科技伦理审查中心建设方案》，依托湖南省科学技术信息研究所建设，采取“政府主导+事业化+公益化”的建设模式，主要职能包括科技伦理审查、教育培训等，并引导高等学校、科研机构、医疗卫生机构和企业设立科技伦理（审查）委员会并规范运行，目标是在全省形成“1+N”多方协同合作的科技伦理审查工作体系。

该中心是国内率先建立的区域性科技伦理审查中心，聚焦生物科学、医学、人工智能、实验动物等领域，通过制定章程、专业伦理审查委员会工作制度、伦理审查申请指南等制度，明确了工作流程、操作规程等制度。

（三）北京市区域伦理审查委员会

2023 年 12 月，北京市区域伦理审查委员会成立。根据相关信息，北京市区域伦理审查委员会可以接受伦理审查委托，为没有设立伦理审查委员会或者伦理审查能力不足的基层医疗卫生机构、企业等单位提供伦理审查等方面的帮助和服务。北京医学会为北京市区域伦理审查委员会的工作开展提供必要保障。

（四）广东省涉及人的生命科学和医学研究区域伦理审查委员会

2024 年 1 月，广东省涉及人的生命科学和医学研究区域伦理审查委员会和省内首个多中心临床研究伦理审查结果互认联盟成立，同时还成立广东省涉及人的生命科学和医学研究伦理质量控制中心。

广东省涉及人的生命科学和医学研究区域伦理审查委员会依托广东省医学会成立，主要职能包括为暂不具备伦理审查能力的医疗卫生机构等提供伦理培训、咨询及审查工作，满足没有设立伦理审查委员会单位的伦理审查需求，确保医学研究领域伦理审查全覆盖。

广东省涉及人的生命科学和医学研究伦理质量控制中心依托广州医科大学广东省医学伦理学研究中心，旨在通过建立专业技术机构整合省内外资源，推动全省涉及人的生命科学和医学研究伦理审查工作，并指导评估全省医学伦理审查委员会建设，开展伦理培训和咨询，提升全省医学伦理审查工作水平和伦理审查质量。

从以上省市的实践来看，专业性、区域性科技伦理审查中心在满足没有条件设立科技伦理（审查）委员会的单位的科技伦理审查需求、推动科技伦理审查结果互认等方面进行了积极尝试。可以预见，专业性、区域性科技伦理审查中心将在今后的科技伦理审查体系建设中发挥重要支撑作用，为人工智能等新兴技术领域科技伦理审查专业力量的欠缺提供有益补充。

第六章

科技伦理审查基本规范

CHAPTER 6

《科技伦理审查办法（试行）》明确了对科学研究、技术开发等科技活动的科技伦理审查及监管的具体要求，是覆盖各领域科技伦理审查的综合性、通用性规定。对于涉及人的生命科学和医学研究、实验动物等领域，已有科技伦理审查相关制度规范。本章主要从综合性与通用性科技伦理审查、涉及人的生命科学和医学研究伦理审查、药物与医疗器械伦理审查、实验动物福利伦理审查、人工智能及新兴技术领域伦理审查等方面介绍科技伦理审查制度规范。

第一节

综合性、通用性科技伦理审查规范

《科技伦理审查办法（试行）》是覆盖各领域科技伦理审查的综合性、通用性科技伦理审查制度文件，规范了科技伦理审查的基本要求、适用范围、科技伦理审查程序内容及标准等，本节详细介绍《科技伦理审查办法（试行）》的相关规范。

一、科技伦理审查的基本原则

《科技伦理审查办法（试行）》明确，开展科技活动应坚持促进创新与防范风险相统一，客观评估和审慎对待不确定性和技术应用风险，遵循增进人类福祉、尊重生命权利、坚持公平公正、合理控制风险、保持公开透明的科技伦理原则，遵守我国宪法、法律法规的有关规定以及科技伦理规范。

科技伦理审查应坚持科学、独立、公正、透明原则，公开审查制度和审查程序，客观审慎评估科技活动伦理风险，依规开展审查，并自觉接受有关方面的监督。涉及国家安全、国家秘密、商业秘密和敏感事项的，依法依规做好相关工作。

在上述规定中，增进人类福祉、尊重生命权利、坚持公平公正、合理控制风险、保持公开透明是《关于加强科技伦理治理的意见》明确的五项科技伦理原则，也就是说，科技伦理审查首先要遵循科技伦理原则，同时，也需要遵守我国宪法、法律法规的有关规定以及科技伦理规范。

科学、独立、公正、透明是科技伦理审查的原则，这些原则是增进人类福祉、尊重生命权利、坚持公平公正、合理控制风险、保持公开透明五项科技伦理原则在科技伦理审查方面的重要体现。五项科技伦理原则和四项科技伦理审查原则都是开展科技伦理审查工作需要遵循的基本原则。

二、科技伦理审查的适用范围

《科技伦理审查办法（试行）》第二条明确了科技伦理审查的适用范围，该条指出，开展以下科技活动应依照本办法进行科技伦理审查：

（1）涉及以人为研究参与者的科技活动，包括以人为测试、调查、观察等研究活动的对象，以及利用人类生物样本、个人信息数据等的科技活动；

（2）涉及实验动物的科技活动；

（3）不直接涉及人或实验动物，但可能在生命健康、生态环境、公共秩序、可持续发展等方面带来伦理风险挑战的科技活动；

（4）依据法律、行政法规和国家有关规定需进行科技伦理审查的其他科技活动。

（1）和（2）主要指涉及以人为研究参与者、实验动物的科技活动，涵盖了涉及人的生命科学和医学研究、药物与医疗器械临床试验、实验动物等领域的科技活动。这些是开展科技伦理审查的主要科技活动，均已有较为明确的法律法规及制度规范予以规制。

当前，科技创新飞速发展，尤其是一些新兴科技领域迅速发展带来的伦理风险是动态变化的甚至是未知的。伦理挑战和伦理风险不断变化，科技伦理审查的范围也可能会随之改变。为此，《关于加强科技伦理治理的意见》提出开展科技伦理审查工作，要遵循增进人类福祉、尊重生命权利、坚持公平公正、合理控制风险、保持公开透明的科技伦理原则，客观审慎评估科技活动伦理风险，要坚持敏捷治理要求，动态灵活应对伦理挑战，促进负责任的创新。因此，（3）中“不直接涉及人或实验动物，但可能在生命健康、生态环境、公共秩序、可持续发展等方面带来伦理风险挑战的科技活动”主要是针对科技创新的动态发展带来的动态伦理风险变化的情况，同时也体现了敏捷治理的要求。也可以认为，（3）属于针对新兴科技领域快速发展要求某些科技活动需要开展伦理审查的兜底性条款。

（4）中明确了前三项没有规定的科技活动，而相关法律、行政法规和国家有关规定要求需要进行伦理审查的情况，也可以看作一项兜底性条款。

三、科技伦理审查的程序及要求

科技伦理审查程序包括申请与受理、一般程序、简易程序、专家复核程序、应急程序。本部分主要介绍科技伦理审查的申请与受理、一般程序、简易程序、应急程序。专家复核作为有关地方和行业管理部门对纳入清单管理科技活动的监督管理措施，将在第七章中予以介绍。科技伦理审查程序流程如图 6-1 所示。

（一）科技伦理审查的申请与受理

开展科技伦理审查前，需要先进行科技伦理风险评估，其主要目的就是让科技人员对其开展的科技活动进行一个预先自评估。经评估需要开展科技伦理审查的，科技人员（具体为科技活动负责人）向科技伦理（审查）委员会提起科技伦理审查申请，科技伦理（审查）委员会受理伦理审查申请后，正式开展科技伦理审查。

1. 科技伦理风险评估

科技伦理风险评估需要科技伦理（审查）委员会和科技人员共同完成。因为科技人员最了解其开展的具体科技活动，但可能不太了解其科技活动

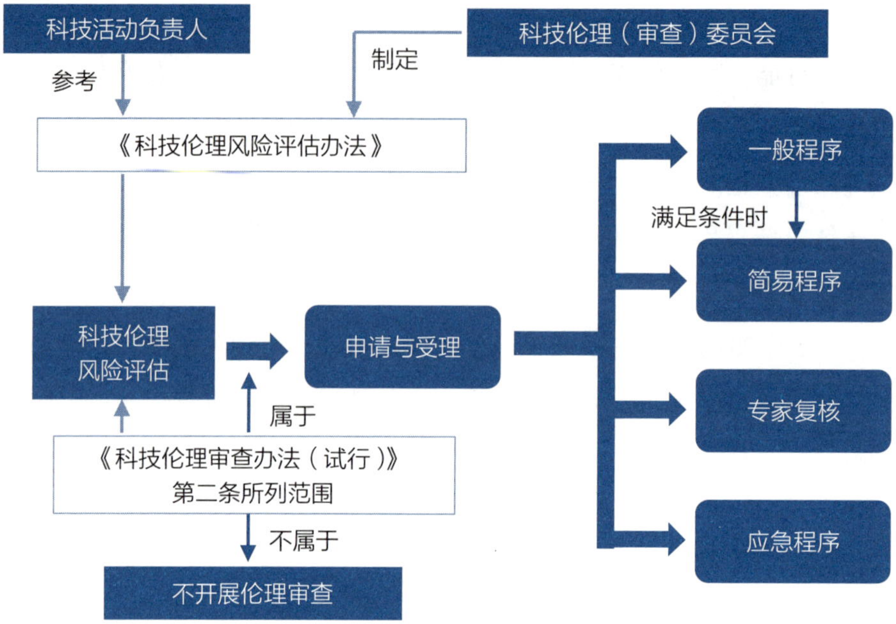

图 6-1　科技伦理审查程序流程简图

涉及的伦理问题和风险，这就需要科技伦理（审查）委员会对科技活动进行伦理把关。

为让科技人员合理评估其科技活动的风险，科技伦理（审查）委员会应该制定适用本单位（或本委员会审查技术领域）的科技伦理风险评估办法或指南等指导性文件，为科技人员开展科技伦理风险评估提供指导和帮助。

科技人员参考《科技伦理审查办法（试行）》第二条、科技伦理风险评估办法或指南，判断将要开展的科技活动是否需要伦理审查。

2. 科技伦理审查申请与受理

经评估，属于《科技伦理审查办法（试行）》第二条所列范围的科技活动，需要开展伦理审查。由科技活动负责人向科技伦理（审查）委员会申请科技伦理审查。科技活动负责人可以向本单位的科技伦理（审查）委员会提出伦理审查申请，也可以向其他单位的科技伦理（审查）委员会提出申请。

科技活动负责人向科技伦理（审查）委员会提出伦理审查申请需要提交的申请材料包括：

（1）科技活动概况，包括科技活动的名称、目的、意义、必要性以及既往科技伦理审查情况等；

（2）科技活动实施方案及相关材料，包括科技活动方案，可能的科技伦理风险及防控措施和应急处理预案，科技活动成果发布形式等；

（3）科技活动所涉及的相关机构的合法资质材料，参加人员的相关研究经验及参加科技伦理培训情况，科技活动经费来源，科技活动利益冲突声明等；

（4）知情同意书，生物样本、数据信息、实验动物等的来源说明材料等；

（5）遵守科技伦理和科研诚信等要求的承诺书；

（6）科技伦理（审查）委员会认为需要提交的其他材料。

科技伦理（审查）委员会对科技活动负责人提交的伦理审查申请材料进行初步审查或审核，对科技活动的科技伦理问题和风险进行初步判断或筛查，并依据申请材料决定是否受理该项科技活动的伦理审查，决定结果需要通知申请人。

科技伦理（审查）委员会决定受理伦理审查的科技活动，需明确该科技活动适用的伦理审查程序（如一般审查、简易审查、应急审查、专家复核等）。如果科技活动负责人提交的申请材料不齐全，科技伦理（审查）委员会应当一次性告知其需要补充的材料。

科技伦理（审查）委员会原则上应该采取会议审查的方式开展伦理审查，《科技伦理审查办法（试行）》另有规定的除外。

3. 特殊情况的科技伦理审查

国际合作科技活动属于《科技伦理审查办法（试行）》第二条所列范围的，应通过合作各方所在国家规定的科技伦理审查后方可开展。

对于没有设立科技伦理（审查）委员会，或者本单位的科技伦理（审查）委员会不能开展某科技活动伦理审查的情况，科技活动负责人可以通过所在单位委托其他科技伦理（审查）委员会开展伦理审查。《科技伦理审查办法（试行）》规定：单位科技伦理（审查）委员会无法胜任审查工作要求或者单位未设立科技伦理（审查）委员会以及无单位人员开展科技活动的，应书面委托其他满足要求的科技伦理（审查）委员会开展伦理审查。

（二）科技伦理审查的一般程序

通常情况下，科技活动原则上适用科技伦理审查一般程序。一般程序通常应该通过会议审查的方式开展。

1. 科技伦理审查会议的最低标准

《科技伦理审查办法（试行）》对科技伦理审查会议提出了会议主持、出席人数、出席的委员组成等三方面最低标准要求：

（1）科技伦理审查会议由主任委员或其指定的副主任委员主持。

（2）科技伦理审查会议到会的委员人数不少于 5 人。

（3）出席科技伦理审查会议的委员应包括具备相关科学技术背景的同行专家，伦理、法律等相应专业背景的专家，并应当有不同性别和非本单位的委员，民族自治地方应有熟悉当地情况的委员。

科技伦理审查会议的其他主要事项有：

（1）根据审查需要，会议可要求申请人到会阐述方案或者就特定问题进行说明，可邀请相关领域不存在直接利益关系的顾问专家等提供咨询意见。特别注意的是，顾问专家不参与会议表决。

（2）会议采用视频方式的，应符合科技伦理（审查）委员会对视频会议适用条件、会议规则等的有关制度要求，这就要求科技伦理（审查）委员会应该提前制定关于视频会议的有关制度和规程等。

（3）科技伦理审查会议到会的委员人数不少于 5 人是最低要求，“不少于”包括本数（5 人），相关行业主管部门对本领域科技伦理审查有特殊规定且符合《科技伦理审查办法（试行）》精神的，从其规定。

2. 科技伦理审查会议审查的重点内容和标准

《科技伦理审查办法（试行）》对科技伦理（审查）委员会开展伦理审查的重点内容和标准的最低要求作出如下规定。

（1）拟开展的科技活动应符合该办法第三条规定的科技伦理原则和要求，参与科技活动的科技人员资质、研究基础及设施条件等符合相关要求。

（2）拟开展的科技活动具有科学价值和社会价值，其研究目标的实现对增进人类福祉、实现社会可持续发展等具有积极作用。科技活动的风险受益合理，伦理风险控制方案及应急预案科学恰当、具有可操作性。

（3）涉及以人为研究参与者的科技活动，所制定的招募方案公平合理，生物样本的收集、储存、使用及处置合法合规，个人隐私数据、生物特征信息等信息处理符合个人信息保护的有关规定，对研究参与者的补偿、损伤治疗或赔偿等合法权益的保障方案合理，对脆弱人群给予特殊保护；所提供的知情同意书内容完整、风险告知客观充分、表述清晰易懂，获取个人知情同意的方式和过程合规恰当。

（4）涉及实验动物的科技活动，使用实验动物符合替代、减少、优化原则，实验动物的来源合法合理，饲养、使用、处置等技术操作要求符合动物福利标准，对从业人员和公共环境安全等的保障措施得当。

（5）涉及数据和算法的科技活动，数据的收集、存储、加工、使用等处理活动以及研究开发数据新技术等符合国家数据安全和个人信息保护等有关规定，数据安全风险监测及应急处理方案得当；算法、模型和系统的设计、实现、应用等遵守公平、公正、透明、可靠、可控等原则，符合国家有关要求，伦理风险评估审核和应急处置方案合理，用户权益保护措施全面得当。

（6）所制定的利益冲突申明和管理方案合理。

（7）科技伦理（审查）委员会认为需要审查的其他内容。

3. 科技伦理审查决定的作出

（1）科技伦理审查决定的类别。通过会议审查后，科技伦理（审查）委员会可以对所审查的科技活动作出的审查决定包括：批准、修改后批准、修改后再审或不予批准等，其中，作出修改后批准或修改后再审的，科技伦理（审查）委员会应提出修改建议，明确修改要求；对不予批准的科技活动，科技伦理（审查）委员会应说明理由。

（2）科技伦理审查决定的最终作出。科技伦理（审查）委员会作出的审查决定，应经到会委员的三分之二以上同意。有的读者会提出疑问，《涉及人的生命科学和医学研究伦理审查办法》规定，伦理审查委员会作出决定应当得到超过伦理审查委员会全体委员二分之一同意。这与《科技伦理审查办法（试行）》的规定不一致，到底要按照哪个文件的要求开展呢？

《科技伦理审查办法（试行）》是覆盖各领域科技伦理审查的综合性、通用性科技伦理审查制度文件，关于科技伦理审查的规定属于一般性规定，行业主管部门有特殊要求且不低于该办法的，按照行业主管部门有关规定执行。因此，涉及人的生命科学和医学研究的伦理审查标准应当按照《涉及人的生命科学和医学研究伦理审查办法》要求执行。

科技伦理（审查）委员会一般应在申请受理后的30日内（注意，不是30个工作日，而是30个自然日）作出伦理审查决定，特殊情况可适当延长并明确延长时限。科技伦理（审查）委员会应将审查决定及时送达申请人。

4. 对科技伦理审查决定异议的处理规定

如果科技伦理审查申请人对审查决定有异议，可以向作出决定的科技伦理（审查）委员会提出书面申诉，说明理由并提供相关支撑材料。

申诉理由充分的，科技伦理（审查）委员会应按照《科技伦理审查办法（试行）》规定重新作出审查决定。

5. 跟踪审查有关要求

跟踪审查是科技伦理审查的重要环节，科技伦理审查并不是完成科技伦理（审查）委员会的初次审查就结束了，每项完成科技伦理审查的科技活动均需要开展跟踪审查。通过科技伦理（审查）委员会的初次审查相当于科技活动可以正式开展了，而跟踪审查则是对科技活动是否按照初次审查时提供的科技活动方案开展（是否偏离原方案）等情况的跟踪与监督。

完成某项科技活动伦理审查的科技伦理（审查）委员会应对审查批准的科技活动开展伦理跟踪审查，依据跟踪审查情况，必要时可对科技活动作出暂停或终止等决定。

跟踪审查间隔一般不超过 12 个月。

跟踪审查的主要内容包括：

（1）科技活动实施方案执行情况及调整情况；

（2）科技伦理风险防控措施执行情况；

（3）科技伦理风险的潜在变化及可能影响研究参与者权益和安全等情况；

（4）其他需要跟踪审查的内容。

根据跟踪审查需要，科技伦理（审查）委员会可以要求科技活动负责人提交相关材料。

6. 科技活动科技伦理风险发生变化的情况

因科技活动实施方案调整、外部环境变化等可能导致科技伦理风险发生变化的，科技活动负责人应及时向科技伦理（审查）委员会报告。

科技伦理（审查）委员会应对科技伦理风险发生变化的科技活动的风险受益情况进行评估，提出继续实施、暂停实施等意见，必要时，重新开展伦理审查。

在一般程序中，对于多个单位合作开展的科技活动，牵头单位可根据实际情况建立科技伦理审查协作与结果互认机制，加强科技伦理审查的协调管理。

（三）科技伦理审查的简易程序

1. 简易程序审查的适用条件

有下列情形之一的可以适用简易程序审查：

（1）科技活动伦理风险发生的可能性和程度不高于最低风险；

（2）对已批准科技活动方案作较小修改且不影响风险受益比；

（3）前期无重大调整的科技活动的跟踪审查。

对于第（1）种情形，在科技伦理（审查）委员会受理伦理审查申请时就可以进行判断，并可以直接按照简易程序进行伦理审查。

第（2）种情形主要适用于通过科技伦理（审查）委员会的伦理审查后，科技活动方案等发生了变化，导致科技伦理风险发生变化，但科技活动方案修改较小且不影响修改后的风险受益比。

第（3）种情形主要适用于通过科技伦理（审查）委员会的伦理审查后，科技活动方案无重大调整的科技活动的跟踪审查。

科技伦理（审查）委员会应提前制定本单位或者本委员会适用简易程序审查的工作规程。

2. 简易程序审查的要求

简易程序审查由科技伦理（审查）委员会主任委员指定两名或两名以上的委员承担。在审查过程中，可要求申请人就相关问题进行说明。审查决定应载明采取简易程序审查的理由和依据。

采取简易程序审查的，科技伦理（审查）委员会可根据情况调整跟踪审查频度。

3. 简易程序审查转一般程序审查的情形

简易程序审查主要适用于伦理风险较小的科技活动，但当简易程序审查过程中出现下列情形之一时，科技伦理（审查）委员会应按规定将科技活动的简易程序审查调整为会议审查，适用一般程序：

（1）审查结果为否定性意见的；

（2）对审查内容有疑义的；

（3）委员之间意见不一致的；

（4）委员提出需要调整为会议审查的。

（四）科技伦理审查的应急程序

1. 科技伦理应急审查制度的制定

科技伦理应急审查通常指在突发公共事件（尤其是突发公共卫生事件，例如，非典、新冠疫情）等紧急状态下，涉及人类参与者、实验动物、数据处理等存在伦理风险（或潜在伦理风险）且与突发公共事件相关的研究，在开始研究前需要进行的伦理审查。

应急审查的特点是由于受突发公共事件等紧急状态严重程度和时间紧迫性影响，为有效应对突发公共事件等紧急状态造成的不良影响而进行的不降低科技伦理审查标准的快速伦理审查。应急审查往往仅在突发公共事件等紧急状态发生期间有效。

科技伦理（审查）委员会负责制定本委员会的科技伦理应急审查制度。应急审查制度应该明确突发公共事件等紧急状态下的应急审查启动标准、审查流程和标准操作规程等内容。

本书梳理了世界卫生组织（WHO）和加拿大的应急审查制度相关内容供读者参考（见表 6-1）。

为提高应急程序审查的效率、满足可能出现的高负荷伦理审查工作等，科技伦理（审查）委员会应该定期组织开展应急伦理审查培训。

2. 应急程序审查实行分级管理与时限要求

科技伦理（审查）委员会根据科技活动紧急程度等实行分级管理，可设立科技伦理审查快速通道，及时开展应急审查。

应急审查一般在 72 小时内完成。对于适用专家复核程序的科技活动，专家复核时间一并计入应急审查时间。

突发公共事件等紧急状态下，伦理审查的时效性显得尤为重要，科技

表 6-1　世界卫生组织和加拿大的应急审查制度参考要点

名称	应急审查制度参考要点
世界卫生组织《公共卫生事件期间研究伦理委员会对研究的加快审查指南》	1. 伦理委员会在应急审查时可要求申请人提交与疾病流行或暴发有关的系列材料。 2. 伦理委员会应指导应急审查流程，以便在收到申请材料时及时开展审查而不是等待预定的会议召开才开展。 3. 考虑到疫情期间的特殊性，伦理委员会需建立远程会议讨论机制。 4. 伦理委员会应确定自身的超负荷审查能力，有必要提前明确成员分工协作机制。 5. 申请材料应在提交后的 24 小时内送达审查人，审查人应在指定的时间内完成审查（通常为 3 天），合并的审查应在指定的时间内（通常为 5 天）传达给主要研究负责人。主要研究负责人应尽快对伦理委员会的审查意见建议作出反馈，不得迟于 48 小时。 6. 审查决定表决的法定人数应由伦理委员会所有委员的三分之一组成。如果预先确定的委员提交了审查意见但无法参加会议，则应将其视为法定人数的一部分
加拿大《人体研究伦理（2018）》	1. 科研机构及其伦理委员会制定应急计划方案应包括需遵循的原则、预计可能出现的超负荷工作量、时间局限性、优先事项、后勤保障等。 2. 优先审查考虑因素包括：哪些研究是必要研究；由紧急情况催生的新研究项目的初步伦理审查程序；对突发公共事件发生前进行的伦理审查的继续审查；伦理审查程序可以对已经批准的研究进行变更等。 3. 由于疾病或公共隔离等不可抗因素，科研机构及其伦理委员会应探索建立任命替代委员机制、专业知识咨询顾问机制与其他机构建立协商互惠协议等。 4. 规定应急审查程序的生效和终止

伦理（审查）委员会应该根据科技活动与突发公共事件等紧急状态的相关程度，实行分级管理，尽量在短时间内完成。72 小时内完成应急审查是《科技伦理审查办法（试行）》给出的一般参考时限，科技伦理（审查）委员会可根据具体情况制定本委员会的应急审查制度。

在新冠疫情期间，英国关于新型冠状病毒（COVID-19）研究的应急伦理审查取得了较好效果，具有一定的参考价值。英国卫生研究局（HRA）制定了《COVID-19研究快速通道审查指南》（*Fast Track Review Guidance for COVID-19 Studies*），明确了满足快速通道审查的研究类别及其时限要求，具体如下：

（1）提交申请后24小时内审查的研究，包括已被首席医学官确定为紧急公共卫生研究，或被政府部门或机构确定为对国家应对疫情有益的研究；

（2）提交申请后36~72小时审查的研究，包括对COVID-19疫苗、治疗或诊断的研究，对COVID-19免疫反应的研究，对COVID-19流行或传播的研究；

（3）提交申请后1~2周审查的研究，主要有受COVID-19影响（包括对心理健康的影响）的研究；旨在增强对COVID-19一般理解的研究；对现有数据回顾性分析研究。

2020年7月25日，英国卫生研究局官方网站发布的一则《快速通道审查服务可帮助COVID-19研究快速交付结果》（*Fast-track Review Service Helps COVID-19 Research Deliver Results Quickly*）的信息称，自2020年3月初HRA向研究人员开放快速通道审查服务以来，已审查了300多个申请，24小时内的审查占10%，72小时以内的审查占60%，审查通过的研究主要有开发疫苗、治疗或诊断方法，了解免疫反应或患病率等，一周之内的审查占30%。英国卫生研究局的快速通道审查服务平均批准时间为7天，与正常时间相比减少90%（见图6-2）。

3. 应急程序审查的其他要求

（1）应急程序审查应有相关专业领域的委员参会。无相关专业领域委员的，应邀请相关领域顾问专家参会，提供咨询意见。

（2）科技伦理（审查）委员会应加强对应急审查的科技活动的跟踪审查和过程监督，及时向科技人员提供科技伦理指导意见和咨询建议。

（3）任何单位和个人不得以紧急情况为由，回避科技伦理审查或降低

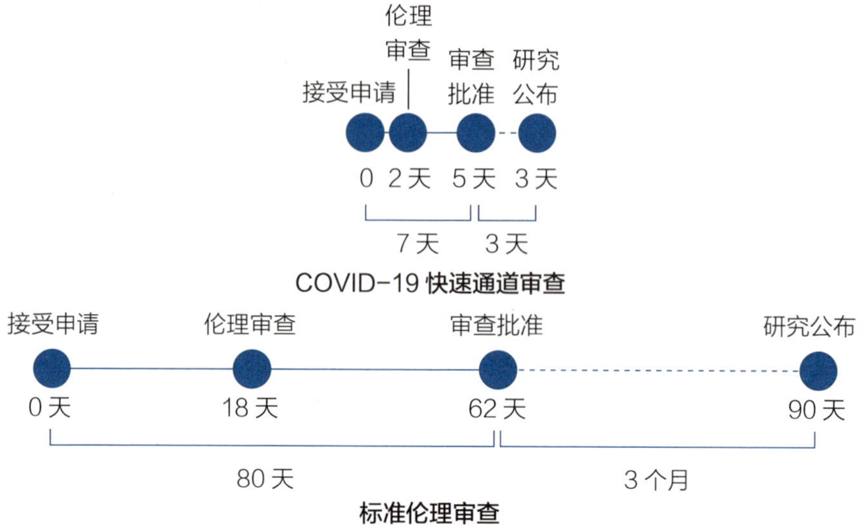

图 6-2　COVID-19 快速通道审查与标准伦理审查流程时间对比

科技伦理审查标准。需要特别注意的是，应急审查的标准不得低于一般科技伦理审查标准。

（五）纳入清单管理科技活动的判断与初步审查

《科技伦理审查办法（试行）》第五条规定，纳入“需要开展专家复核的科技活动清单”的科技活动（以下简称“纳入清单管理科技活动”）由科技伦理（审查）委员会作出判断。

科技伦理（审查）委员会根据科技活动负责人提交伦理审查的申请材料，结合“需要开展专家复核的科技活动清单”，作出某些科技活动是否需要开展专家复核的判断。

对于判定为纳入清单管理科技活动的申请，由科技伦理（审查）委员会开展初步伦理审查，出具初步的伦理审查意见。

需要注意的是，科技伦理（审查）委员会对纳入清单管理科技活动出具初步伦理审查意见后，还应按要求由科技活动承担单位提请有关地方或行业管理部门开展伦理审查专家复核，专家复核程序详见第七章第三节。

第二节

涉及人的生命科学和医学研究伦理审查

一、涉及人的生命科学和医学研究伦理审查规范

2023 年 2 月，国家卫生健康委、教育部、科技部、国家中医药局联合印发了《涉及人的生命科学和医学研究伦理审查办法》（以下简称“2023 年办法”），为当前我国涉及人的生命科学和医学研究伦理审查提供了制度规范。值得注意的是，2023 年办法实施后，2016 年修订实施的《涉及人的生物医学研究伦理审查办法》（以下简称“2016 年办法”）依然有效，本小节主要介绍上述两个办法关于科技伦理审查的部分内容。

（一）政策适用性

在 2023 年办法和 2016 年办法的适用方面，在今后一段时期内，医疗卫生机构、高等学校、科研机构等机构的具体伦理审查实践可以 2023 年办法为指导，而对医疗卫生机构伦理审查的违规行为则可以依据 2016 年办法进行处理。

（二）2023 年办法的主要内容

根据国家卫生健康委的相关解读，与 2016 年办法相比，2023 年办法结合国家新出台的法律法规要求和高等学校、科研机构的实际，对 2016 年办法的部分规定进行了细化和完善。

1. 基本原则和制度框架

比较来看，2023 年办法延续了 2016 年办法的基本原则和制度框架，主要包括三方面内容：

（1）继续坚持机构的主体责任，要求开展涉及人的生命科学和医学研

究的机构建立伦理审查委员会进行伦理审查；

（2）继续坚持知情同意和伦理审查两个重要制度；

（3）继续遵循国际公认的伦理准则，坚持基本伦理要求。

另外，2023年办法规范了一些名词，例如，将“伦理委员会”规范为“伦理审查委员会”等；根据生物医学研究进展和生命伦理学进展，将“受试者”拓展、规范为“研究参与者”，体现了对人的尊重，扩大了保护范围，与国际接轨。

2. 主要内容

（1）扩大伦理审查适用范围。2023年办法将“涉及人的生物医学研究”拓展为“涉及人的生命科学和医学研究”，涉及人的生命科学研究被纳入了该办法的监管范畴，该办法的适用对象扩大了。因为从事生命科学研究的创新主体不仅包括医疗卫生机构，还有大量的高等学校和科研机构等，这就需要明确各类创新主体的伦理监管机制。因此，2023年办法指出，医疗卫生机构、高等学校、科研机构等创新主体均为该办法的适用对象，并按照行政隶属关系，明确伦理审查的监管职责。

（2）提出建立委托审查机制。2023年办法允许委托有能力的伦理审查委员会开展伦理审查，主要包括以下内容：

第一，未设立伦理审查委员会的单位可以通过书面委托的形式，委托区域伦理审查委员会或者有能力的机构伦理审查委员会开展伦理审查，完善了伦理审查委托机制，实现伦理审查全面覆盖，也为没有能力设立伦理审查委员会的机构开展伦理审查提供了制度依据与规范指导；

第二，提出区域伦理审查委员会管理要求，明确省级卫生健康主管部门会同有关部门制定区域伦理审查委员会的建设和管理办法、区域伦理审查委员会向省级卫生健康主管部门备案，并在国家医学研究登记备案信息系统上传信息；

第三，明确企业开展涉及人的生命科学和医学研究的伦理审查的委托审查监督管理责任，即机构与企业等其他机构合作开展涉及人的生命科学和医学研究或者为企业等其他机构开展涉及人的生命科学和医学研究提供人的生物样本、信息数据的，机构应当充分了解研究的整体情况，通过伦理审查、开展跟踪审查，以协议方式明确生物样本、信息数据的使用范围、处理方式，并在研究结束后监督其妥善处置。

（3）优化伦理审查规范，细化知情同意程序。2023 年办法完善了对无行为能力、限制行为能力的研究参与者知情同意过程的规定，例如，通过录音录像记录口头知情同意、获得监护人同意等。合理平衡伦理审查和创新的关系，明确“免除伦理审查”制度。

2023 年办法还细化了伦理审查的时限规定提高效率，例如，伦理审查委员会应当在受理后 30 天内开展伦理审查并出具审查意见；在疫情暴发等突发事件紧急情况下，在不降低伦理审查要求和质量的前提下，一般在 72 小时内开展伦理审查、出具审查意见；跟踪审查的时间间隔不超过 12 个月等。

（三）2023 年办法伦理审查内容要点

1. 伦理审查申请与受理

涉及人的生命科学和医学研究的研究者向伦理审查委员会提起伦理审查申请，此时的伦理审查称为初始伦理审查，初始伦理审查提交的材料如下：

（1）研究材料诚信承诺书；

（2）伦理审查申请表；

（3）研究人员信息、研究所涉及的相关机构的合法资质证明以及研究经费来源说明；

（4）研究方案、相关资料，包括文献综述、临床前研究和动物实验数据等资料；

（5）知情同意书；

（6）生物样本、信息数据的来源证明；

（7）科学性论证意见；

（8）利益冲突申明；

（9）招募广告及其发布形式；

（10）研究成果的发布形式说明；

（11）伦理审查委员会认为需要提交的其他相关材料。

伦理审查委员会收到申请材料后，应及时受理并按照规定的重点审查内容组织初始审查。

2. 伦理审查方式与审查决定的作出

（1）一般会议审查。伦理审查一般采取会议审查的方式。

伦理审查委员会可以对审查的研究作出批准、不批准、修改后批准、修改后再审、继续研究、暂停或者终止研究的决定，并应当说明理由。

伦理审查委员会作出决定应当得到超过伦理审查委员会全体委员二分之一同意。委员应当对研究所涉及的伦理问题进行充分讨论后投票，与审查决定不一致的意见应当详细记录在案。

（2）简易程序审查。简易程序审查由伦理审查委员会主任委员指定两个或者以上的委员进行伦理审查，并出具审查意见。审查意见应当在伦理审查委员会会议上报告。

适用简易程序审查的情形：研究风险不大于最小风险的研究；已批准的研究方案作较小修改且不影响研究风险受益比的研究；已批准研究的跟踪审查；多机构开展的研究中，参与机构的伦理审查委员会对牵头机构出具伦理审查意见的确认等。

简易程序审查过程中，出现研究的风险受益比变化、审查委员之间意见不一致、审查委员提出需要会议审查等情形的，应调整为会议审查。

（3）免除伦理审查。使用人的信息数据或者生物样本开展特定情形的涉及人的生命科学和医学研究，不对人体造成伤害、不涉及敏感个人信息或者商业利益的，可以免除伦理审查。

免除伦理审查的情形包括：利用合法获得的公开数据，或者通过观察且不干扰公共行为产生的数据进行研究的；使用匿名化的信息数据开展研究的；使用已有人的生物样本开展研究，所使用的生物样本来源符合相关法规和伦理原则，研究相关内容和目的在规范的知情同意范围内，且不涉及使用人的生殖细胞、胚胎和生殖性克隆、嵌合、可遗传的基因操作等活动的；使用生物样本库来源的人源细胞株或者细胞系等开展研究，研究相关内容和目的在提供方授权范围内，且不涉及人胚胎和生殖性克隆、嵌合、可遗传的基因操作等活动的。

3. 伦理审查的时限要求

伦理审查委员会应当在受理伦理审查申请后 30 天内开展伦理审查并出具审查意见。

情况紧急的，应当及时开展伦理审查。在疫情暴发等突发事件紧急情况下，一般在 72 小时内开展伦理审查、出具审查意见，并不得降低伦理审查的要求和质量。

4. 知情同意

研究者开展研究前，应当获得研究参与者自愿签署的知情同意书。知情同意书应当包含充分、完整、准确的信息，并以研究参与者能够理解的语言文字、视频图像等进行表述。

研究参与者不具备书面方式表示同意的能力时，研究者应当获得其口头知情同意，并有录音录像等过程记录和证明材料。研究参与者为无民事行为能力人或者限制民事行为能力人的，应当获得其监护人的书面知情同意。获得监护人同意的同时，研究者还应该在研究参与者可理解的范围内告知相关信息，并征得其同意。

在知情同意获取过程中，研究者应当按照知情同意书内容向研究参与者逐项说明。研究者应当给予研究参与者充分的时间理解知情同意书的内容，由研究参与者作出是否同意参加研究的决定并签署知情同意书。研究过程中发生特定变化情形时，应当再次获取研究参与者的知情同意。

5. 登记备案

经伦理审查委员会批准的研究在实施前，研究者、伦理审查委员会和机构应当将该研究、伦理审查意见、机构审核意见等信息按国家医学研究登记备案信息系统要求分别如实、完整、准确上传，并根据研究进展及时更新信息。

6. 跟踪审查及动态管理

伦理审查委员会应当按照研究者提交的研究进展、严重不良事件，方案偏离、暂停、终止，研究完成等相关报告进行跟踪审查。跟踪审查包括以下内容：

（1）是否按照已批准的研究方案进行研究并及时报告；

（2）研究过程中是否擅自变更研究内容；

（3）是否增加研究参与者风险或者显著影响研究实施的变化或者新信息；

（4）是否需要暂停或者提前终止研究；

（5）其他需要审查的内容。

跟踪审查的时间间隔不超过 12 个月。

研究者应当将研究过程中发生的严重不良事件立即向伦理审查委员会报告；伦理审查委员会应当及时审查，以确定研究者采取的保护研究参与者的人身安全与健康权益的措施是否充分，并对研究风险受益比进行重新评估，出具审查意见。

二、涉及人的中医药临床研究伦理审查规范

除遵守《科技伦理审查办法（试行）》《涉及人的生命科学和医学研究伦理审查办法》等文件外，国家中医药管理局 2010 年 9 月发布的《中医药临床研究伦理审查管理规范》是我国涉及人的中医药临床研究伦理审查工作的重要制度规范。另外，国家卫生健康委医学伦理专家委员会办公室、中国医院协会制定的《涉及人的临床研究伦理审查委员会建设指南》（2020

版）中的《附则五 中医药临床研究伦理审查》也是中医药临床研究伦理审查的重要参考文件。

（一）中医药临床研究伦理审查管理规范

《中医药临床研究伦理审查管理规范》适用于涉及人的中医药临床研究伦理审查工作，本部分主要介绍该文件关于伦理审查的有关内容。

1. 伦理审查的申请与受理

需要进行伦理审查的研究项目应当向伦理委员会提交：临床研究方案（注明版本号和日期）、知情同意书（注明版本号和日期）、招募受试者材料（如有）、病例报告表 / 调查问卷、研究者手册（如有）、主要研究者履历、其他伦理委员会对本研究项目的重要决定等。

伦理委员会受理伦理审查并依据申请材料决定审查方式。

2. 伦理审查内容和要求

伦理审查以遵循现行法律法规为前提，审查研究方案的科学性和伦理性，主要审查内容和要求如下。

（1）研究的设计与实施。研究符合公认的科学原理，基于中医药长期的临床使用经验，必要时有充分的实验室研究和动物实验证据，并考虑中药多成分混合物的特点。研究设计与研究目的相符。研究人员具有相应的资格与经验，并有充分的时间开展临床研究，具有与研究相适应的条件与设备。

（2）试验的风险与受益。风险应在可能的范围内最小化，研究对受试者的风险相对于预期受益来说是合理的，对受试者健康的考虑应优先于科学和社会的利益。

（3）知情同意。知情同意书应说明是临床研究，而非临床医疗；预期的受试者风险与受益，当受试者没有直接受益时，应告知受试者；参加研究是否获得报酬和承担费用情况，能识别受试者身份有关记录的保密程度；受试者可以获得发生损害的医疗和相应赔偿；受试者自愿参加研究，受试者可以拒绝参加或在任何时候以任何理由退出研究，不会遭到歧视和报复，其应享有的权益不会受到影响等。

知情同意应当符合完全告知、充分理解、自主选择的原则。知情同意书语言和表述符合受试者理解水平。对如何获得知情同意有详细的描述，包括明确规定由谁负责获取知情同意以及签署知情同意书。

当受试者不能给予充分知情同意时，要获得其法定代理人的知情同意，如有可能还应同时获得受试者本人的同意。

3. 伦理审查方式

伦理委员会的审查方式有会议审查、紧急会议审查、快速审查。

会议审查应提前向委员递送审查文件，为委员预审留有充足时间。

该规范没有紧急会议审查的其他相关介绍。

快速审查适用于不大于最小风险的研究项目。快速审查由一至两名委员负责审查。如果两名委员的意见不一致或审查为否定性意见，应转入会议审查。快速审查同意的研究项目应在下一次伦理审查会议上通报。

4. 伦理审查决定的作出

伦理委员会应当在对研究方案进行充分讨论后，以投票表决的方式作出审查决定。作出审查决定应当符合审查材料齐全、充分讨论、符合法定到会人数、避免利益冲突等条件。

伦理审查决定种类有：同意、作必要的修正后同意、作必要的修正后重审、不同意、终止或暂停已批准的研究。

伦理审查决定应当以书面形式及时传达给申请人。

对于“作必要的修正后同意”和“作必要的修正后重审”的研究项目，应通过审查确认研究者已经按伦理审查意见作出修改或澄清后，方可发出同意批件。对于“不同意”和“终止或暂停已批准的研究”，伦理审查决定文件应当明确阐述理由。如果申请人对审查决定有不同意见，可以向伦理委员会提出申诉。

5. 跟踪审查

伦理委员会应当对所有批准的临床研究项目进行跟踪审查，从批准研究开始直到研究结束。

跟踪审查包括：复审、修正案审查、年度 / 定期跟踪审查、严重不良事件审查、违背方案审查、提前终止研究审查、结题审查。必要时，伦理委员会可以开展实地访查。

6. 其他注意事项

多中心临床研究可建立协作审查的工作程序。各中心的伦理委员会均有权批准、不批准或中止在其机构进行的研究。

国际多中心临床研究，除申办国伦理委员会审查外，研究实施国伦理委员会也应进行审查。

伦理审查项目审查文件档案保存至临床研究结束后 5 年。

（二）中医药临床研究伦理审查

《中医药临床研究伦理审查》是《涉及人的临床研究伦理审查委员会建设指南》（2020 版）的附则，主要依据《中华人民共和国中医药法》《中医药临床研究伦理审查管理规范》《中药注册管理补充规定》《中药新药临床研究一般原则》和《涉及人的生物医学研究伦理审查体系要求》（CNCA/CTS 0008—2014）等法律法规及指南制定，适用于开展中医药临床研究的医疗卫生机构。该指南的主要伦理审查要点如下。

1. 研究方案的审查

（1）中医药临床研究应以中医药理论为指导，运用中医药技术方法，并符合国家中医药行业主管部门制定的相关法律法规要求。

（2）中医药临床研究应符合其公认的理论原则和方法，并尊重积累多年的临床经验。长期传统医学实践和经验可以作为中医药临床研究的前期证据。

（3）来源于“古代经典名方的中药复方制剂”以及“主治为证候的中

药复方制剂”两类有临床应用基础的中药研究，可以无须提供动物药效试验，但必须进行非临床的安全性研究，确保用药安全。

（4）处方中含有毒性药材、无法制定指南的原料或非临床安全性试验发现有明显毒性反应的中药，应当首先进行Ⅰ期临床试验，而不能直接进行Ⅱ期、Ⅲ期临床试验。

（5）研究设计应充分考虑当前现代医学有效的和可得的临床干预方法，并将受试者的健康利益置于首位。

（6）中医药已不再局限于传统医学范畴。高风险的研究项目应先行提交同行专家评议，获得对项目的评估意见。伦理审查委员会同时审查研究项目的科学价值和社会价值。

2. 知情同意书的审查

（1）知情同意书应明确说明该研究目标疾病目前已有的不同医学诊断方法和/或治疗现状，给予受试者充分选择的自由。

（2）知情同意书应注意对中医药特有术语和理论进行通俗易懂的解释。

三、涉及人的临床研究伦理审查规范

国家卫生健康委医学伦理专家委员会办公室、中国医院协会制定的《涉及人的临床研究伦理审查委员会建设指南》（2020版），提出了伦理审查委员会审查内容及要求、审查方式和类别、受理伦理审查所需材料及准备工作、组织审查会议等建设要点，供相关伦理审查委员会参考。该指南与原国家卫生与计划生育委员会颁布的《涉及人的生物医学研究伦理审查办法》（2016版）、原国家食品药品监督管理局颁布的《药物临床试验伦理审查工作指导原则》、国家中医药管理局颁布的《中医药临床研究伦理审查管理规范》以及世界医学会制定的《赫尔辛基宣言》和国际医学科学理事会制定的《涉及人的健康相关研究国际伦理指南》等国际国内通用伦理准则保持高度的一致性，而且具有更强的可操作性，可以作为相关领域开展伦理审查的重要指导文件予以参考。

（一）涉及人的临床研究伦理审查总体指南

本部分主要介绍《涉及人的临床研究伦理审查委员会建设指南》（2020版）对该领域的总体建设指南中关于伦理审查的相关内容。

1. 审查原则

伦理审查委员会的审查原则主要有6方面内容，具体如下。

（1）尊重和保障预期的研究受试者是否同意参加研究的自主决定权，严格履行知情同意程序，防止使用欺骗、不当利诱、胁迫（包括变相胁迫）等不当手段招募研究受试者，允许研究受试者在研究的任何阶段撤销对参加研究的同意而不会受到不公正对待。

（2）对研究受试者的安全、健康和权益的考虑必须重于对科学知识获得和社会整体受益的考虑，力求使研究受试者最大程度受益和尽可能避免大于最低风险。

（3）免除研究受试者在受试过程中因受益而承担的经济负担。尊重和保护研究受试者的隐私信息，如实告知涉及研究受试者隐私信息的保存和使用情况（包括未来可能的使用）及保密措施，未经有效授权不得将涉及研究受试者隐私和敏感的个人信息向无关第三方或者媒体泄露。

（4）确保研究受试者受到与参与研究直接相关的损伤时得到及时免费的治疗和相应的补偿或赔偿。

（5）对于丧失或者缺乏维护自身权益能力的研究受试者、患严重疾病无有效治疗方法的绝望患者，以及社会经济地位很低和文化程度很低者等脆弱人群，应当予以特别保护。

（6）开展生物医学临床研究应当通过伦理审查。国家法律法规和有关规定明令禁止的，存在重大伦理问题的，未经临床前动物实验研究证明安全性、有效性的生物医学新技术，不得开展临床研究。

2. 审查内容及要求

对于临床研究项目，伦理审查的主要包括 11 方面的内容，具体为：

（1）研究者的资格、经验是否符合临床研究的要求；

（2）研究方案是否符合科学性和伦理原则的要求；

（3）受试者可能遭受的风险程度与研究预期的受益相比是否合理；

（4）在获取知情同意过程中，向受试者或其法定监护人提供的有关信息资料是否完整通俗易懂，获得知情同意的方法是否适当；

（5）对受试者的信息和资料是否采取了保密措施；

（6）受试者入选和排除的指南是否合适和公平；

（7）是否向受试者明确告知他们应该享有的权利，包括在研究过程中他们可以随时退出研究而无须理由，且不因此而受到不公平对待的权利；

（8）受试者是否因参加研究而获得合理补偿，如因参加研究而受到损害甚至死亡时，给予的治疗以及赔偿措施是否合适；

（9）研究人员中是否有专人负责处理与知情同意获得过程和受试者安全相关的问题；

（10）对受试者在研究中可能承受的风险是否采取最小化的措施；

（11）研究人员与受试者之间是否存在可能会影响研究人员专业判断的利益冲突。

该指南从研究的科学价值、社会价值、受试者保护、受试者招募、知情同意、风险与获益评估、保护隐私与保密等 7 方面对伦理审查提出了详细、具体的要求，具有很强的可操作性，可以作为相关领域科技伦理（审查）委员会建立标准操作规程、开展伦理审查的重要参考。

3. 审查方式

该指南提出了会议审查、简易程序审查、紧急情况受试者研究的审查和应急审查四种伦理审查方式。

会议审查、简易程序审查、应急审查分别可以与《科技伦理审查办法（试行）》规定的一般程序、简易程序、应急程序对应，有关科技伦理（审查）委员会可以参考建立健全本委员会的伦理审查制度。紧急情况受试者研究的审查相关内容可以为涉及人的医学或临床研究伦理审查提供指导。

4. 审查类别

该指南提出了初始审查、复审两种伦理审查类别。

初始审查是指研究者在研究开始实施前首次向伦理委员会提交的审查申请。

复审包括再审、修正案审查、跟踪审查、严重不良事件审查、违背方案审查、暂停和/或终止研究审查、结题审查等。对于复审涉及的各环节，该指南从跟踪审查频率、审查决定有效期、试验方案修改、终止试验方案申请的审查、合作项目/多中心合作研究项目的审查等方面予以详细指导。

5. 组织审查会议

伦理审查会议需要满足以下要求：

（1）会议有效人数是到会参与审查的委员应达到全体委员人数的半数以上且包括医药专业、非医药专业，独立于研究/试验单位之外的人员和不同性别的人员，会议方为有效；

（2）通过视频参加会议的委员，如果在会议之前已经接收到所有适当的材料，并且积极、公正地参与到讨论中，这些委员被算入有效委员人数并允许参与投票；

（3）有效人数中至少应包含一名有专业背景资深的临床医生委员。

该指南提出的会议表决要求包括：每一位参与审查的委员都应投票；会议以全体委员人数的半数以上（有特殊规定者例外）的意见作出对审查方案的决议；特邀独立顾问不参与投票；不允许代理投票；存在实质性利益冲突的委员不参加投票。

该指南还详细规定了会议管理、会议审查记录等的具体指导内容，可以作为各类科技伦理（审查）委员会的重要参考。

（二）相关领域的医学研究伦理审查指南

《涉及人的临床研究伦理审查委员会建设指南》（2020版）以附则的形式提供了药物/医疗器械临床试验伦理审查、遗传学和生殖医学研究伦理审查、精神医学临床研究伦理审查、公共卫生领域临床研究伦理审查、中医药临床研究伦理审查、干细胞临床研究伦理审查、人体器官移植临床应用与研究伦理审查、疫情暴发时期相关医学研究伦理审查8个细分领域的伦理审查指南。

药物/医疗器械临床试验伦理审查将在本章第三节介绍。中医药临床研究伦理审查前一小节已经介绍。本部分简要介绍其他细分领域的伦理审查指南情况，相关伦理审查参考要点如表6-2所示。

表6-2　部分领域伦理审查指南要点

研究领域	伦理审查参考要点
遗传学和生殖医学研究	1. 涉及人类辅助生殖技术的研究，受试者均为接受辅助生殖技术的患者，他们接受辅助生殖技术治疗符合国家相关法律法规和相关技术规范，并已经签署接受辅助生殖技术相关的有效的知情同意书。 2. 由于研究干预通常发生在妊娠前或早期，需要特别关注子代的健康和利益。必要时研究方案中应纳入妊娠期及子代出生后的健康随访。受试者和配偶必须具有完全民事行为能力，对研究风险，包括对母亲和子代的风险，完全知情。夫妻双方在研究知情同意书上签字。 3. 以孕妇为受试者的临床研究，研究目的必须是获取与孕妇或者胎儿健康相关的知识。如果研究的对象为宫内胎儿，则研究的风险应不大于最低风险，且研究获取的知识无法通过其他受试者获得。 4. 以孕妇为受试者的临床研究，研究干预的安全有效性已经在动物试验或者非妊娠人群得到验证，必要时研究方案应纳入妊娠期及子代出生后的健康随访。孕妇和其配偶必须具有完全民事行为能力，对研究相关风险，尤其是对胎儿可能承受的风险完全知情，孕妇和其配偶有权决定妊娠终止的时间。 5. 临床遗传学研究伦理审查要点 （1）合法合规。在遗传学研究，包括遗传疾病诊断、遗传疾病筛查、收集遗传信息进行探索性的研究中，对遗传信息的收集、管理和使用必须符合国家现有法律法规，遗传数据只能用于促进人类的健康和福祉。

续表

研究领域	伦理审查参考要点
	（2）知情同意。受试者对是否接受与研究目的相关的遗传学检查以及是否为研究提供遗传学数据应完全知情并自愿。应详细告知受试者对遗传数据的收集目的、收集方法（包括介入性或非介入性方法）、数据的处理（匿名化）、数据的使用以及数据的保管等。数据的使用不得超过知情同意告知的范围。如果需要利用剩余标本或者遗传数据进行其他目的的研究，必须再次获得受试者同意并经伦理审查委员会批准。 （3）信息共享。去标识化后的遗传数据可以在研究者之间自由共享。 （4）隐私保护。个体对自身的遗传信息有基因隐私权。临床研究相关的遗传学检查的结果，无受试者的授权不得告知第三方。如果临床研究结果有意外发现，且该发现可能与受试者家系其他人员的生命和健康风险相关。在伦理学上应该允许研究人员和医务人员为了避免受到伤害而向其泄露相关信息，但需要通过正当途径，且避免暴露受试者隐私。当未能说服受试者将遗传信息告知相关家人时，研究人员可以披露该信息，但应符合相关条件等。 （5）产前诊断研究。产前遗传疾病诊断研究，必须以目前公认可靠的方法进行遗传学检测，明确告知受试者诊断的目的、结果的可靠性以及可能的后果，受试者自主决定是否接受检测。诊断方法的研究，同时应以金标准的方法作自身对照研究，并将金标准方法检测的结果告知受试者及其配偶。 （6）地域群体的保护。遗传病筛查是针对已经有有效防治措施的遗传病进行的人群易感性的检测。检测结果可能涉及某个特定的地域、民族或者种族。研究除获得个体知情同意外，需要重视文化、社会及价值观的差异，注意对特定人群的保护。对遗传信息进行严格保管和保密，包括进行编码和去标识化处理，对接触遗传数据的人员进行限制，数据发表时需充分考虑对具体地域群体的不利影响。 （7）遗传咨询。应该向受试者提供专业的遗传咨询，特别是对于严重程度高的遗传性疾病。受试者夫妇对可能受累的胎儿有生育决定权。对于有出生缺陷的孩子应该有随访建议。 （8）利益冲突申明和管理。避免造成污名化或者歧视。在遗传学相关研究中，研究人员、申办企业和进行遗传学检测的机构必须申明之间的利益冲突，并经伦理审查委员会详细审核
精神医学临床研究	1. 对于临床研究设计，精神障碍患者作为受试者参加临床研究时，该临床研究获得的知识必须有益于精神障碍人群自身，即能够解决精神障碍人群优先需要解决的医疗问题。不应该对精神障碍的弱势受试者进行仅仅有利于其他人群而对受试人群现在或未来均无益的研究。研究内容涉及对受试者不可避免的心理创伤体验时，应当事先设计有提供心理咨询的服务。尽量降低研究过程对精神障碍受试者可能造成的风险。禁止对精神障碍患者实施与治疗其精神障碍无关的实验性临床医疗。 2. 只有当其他受试者无法取代精神障碍患者作为受试者时，才可以选择招募精神障碍患者作为研究的受试者。只有当疾病严重程度较轻的患者不适合作为受试者时，才可以选择疾病严重程度较重的精神障碍患者作为研究受试者参加临床研究。

续表

研究领域	伦理审查参考要点
	3. 有效的知情同意格外重要： （1）精神障碍患者的作为研究受试者时，他们知情同意的能力可能处于动态变化之中，对此类受试者应该采取动态征得知情同意的方式，在研究方案中应该明确，必要时增加知情同意的频次。 （2）避免引诱和变相强迫精神障碍患者参加临床研究。 （3）特别注意避免“治疗误解”。 （4）当受试者丧失或部分丧失知情同意能力时，需要征得受试者法定监护人的代理同意。征得代理同意后的研究方可开始或继续进行。 （5）对于知情同意能力部分受损的受试者，根据受试者表达意愿的能力程度，在征得其法定监护人代理同意的同时，也应该给予受试者本人对参加临床研究是否赞同的机会，并尊重受试者本人的赞同与否的意愿。 （6）研究受试者是精神病院长期住院治疗的患者时，可能与医生和研究人员存在依赖关系或易受影响，受试者通常“很难拒绝”参与研究。伦理审查委员会应特别关注研究的目的，以及参与研究的风险和获益比是否合理。 4. 注重隐私保护，涉及公布敏感研究结果时，尤其需要尊重受试者本人及其利益相关者（包括其亲属）的意愿。公布统计学数据时，可能由于涉及地域社区等信息而对社区构成污名化或歧视的风险，也应给予特别的关注
公共卫生领域临床研究	1. 公共卫生研究的受试者可以包括健康志愿者，也可以包括整个社区或人群。 2. 应做好公共卫生研究与公共卫生实践的区分，公共卫生研究需要坚持履行伦理审查程序。区分的关键包括活动的目的、所使用方法等。 3. 研究设计应关注符合通用伦理准则、此外应注意研究受试社区的文化情景、关注人群中健康不平等和易受影响的人群以及对研究成果受益的可及性的重要性。 4. 公共卫生研究可能引起与对身体的伤害有所不同的其他类型的伤害。这些伤害可能比临床研究相关对受试者的潜在身体伤害更为严重，需要做好风险和伤害的评估。 5. 观察性流行病学研究要做好数据的保密，处理好匿名数据、匿名化数据、假名数据、清晰的个人数据的可追溯性等。 6. 做好研究风险与隐私保护避免信息可被有意或无意地泄露，造成社会污名化、歧视，造成精神和社会适应性上的伤害
干细胞临床研究	1. 申请开展干细胞临床研究伦理审查的机构必须是已获得国家干细胞临床研究备案的机构。国家批准的干细胞研究备案机构必须建立专门的干细胞研究学术委员会和干细胞研究伦理审查委员会。 2. 确保干细胞临床研究伦理审查之前已获得学术评审通过。对干细胞临床研究还需要根据有关规定进行额外的独立研究评估，包括接受国家权威管理部门或授权机构要求的分级审查或审核。 3. 所有涉及干细胞干预的临床研究，须首先提交干细胞同行专家进行学术评审，对被提议的干细胞临床试验设计科学性和有效性作出科学判断。

续表

研究领域	伦理审查参考要点
	4. 有前景的创新性治疗策略应该在大规模应用前，尽早对其进行系统评估。 5. 参加审查的成员必须包括具有能力评估干细胞临床前研究的专家。参加审查的成员中应包含有能力评估临床试验设计的专家，包括统计学分析专家和与疾病相关的特殊问题的临床专家。参加审查的成员应当至少包含一名从事过干细胞相关基础、产品研发或临床研究三年以上经历的研究人员。 6. 确保充分有效的知情同意。 7. 干细胞临床研究伦理审查有效，必须满足：须有三分之二以上法定出席成员同意；到场的成员中熟悉干细胞相关研究的具有高级职称的研究人员，投赞成票。 8. 干细胞临床研究资料包括伦理审查资料需要至少保存 30 年
人体器官移植临床应用与研究	1. 人体器官移植伦理审查委员会应在具备人体器官移植诊疗科目登记的医疗机构或区域人体器官移植中心（市、省、区域、全国）设立并开展独立的伦理审查。 2. 委员组成应包含移植医学、伦理学、病原微生物学、动物传染病学、法学、社会学等领域的专家和非本机构社会人士，有担任过相关学科培训和器官移植技术应用相关评审的经历。 3. 从事人体器官移植的医务人员人数不得超过委员会委员总人数的四分之一，与医疗机构无隶属和利益关系的人员不少于委员会委员四分之一。 4. 伦理委员会会议记录、伦理审查案例资料及相关文件保存时间至少 7 年。 5. 审查范围包括摘取人体器官捐献人具有特定功能的器官（例如：心脏、肺脏、肝脏、肾脏、胰腺及小肠等）全部或者部分，将其植入接受人身体以治疗或替代其病损器官的过程。细胞、角膜、骨髓等人体组织移植伦理审查，不适用本指南。严禁对人体头部（含全脑）、头部以下的整体躯干、性腺（睾丸、卵巢）及异种器官进行临床移植。遵循“非不得已，不得为之”原则，优先考虑其他更为适宜的治疗方法。 6. 对器官移植相关临床研究伦理审查时，要求申请的器官移植临床研究项目已经对其科学性进行了充分的评审，并已经收到书面评审意见。 7. 参加伦理审查的成员须包括器官移植临床专家，且不直接参加该研究。必要时可聘请专家作为研究评审顾问。 8. 在对涉及较大风险的人体器官移植临床研究项目伦理审查前，要求移植团队提供书面科学性评审报告以及对研究项目潜在风险的评估报告，并申请中国器官捐献与移植委员会协助审查或提供咨询意见。 9. 人体器官移植伦理审查委员会的审查以投票表决的方式作出决定，经全体委员人数的 2/3 以上同意的决定方可有效
疫情暴发时期相关医学研究	1. 各级伦理审查委员会应预先制定疫情暴发期间针对疫情相关研究进行伦理审查的相关制度和流程，预先确立远程审查与讨论平台，预先确定专门人员负责疫情暴发期间联络工作并保留所有沟通记录并存档，拟承担伦理审查任务的委员人选进行相关培训。

续表

研究领域	伦理审查参考要点
	2. 伦理审查委员会应当坚持以最高的科学与伦理学标准对研究项目进行独立且公正的审查，保证伦理审查的质量与时效，预先确定疫情暴发期间会议审查的法定人数下限，先接受电子版申请资料（允许随后补交纸质材料），在保证审查质量的前提下尽力缩短审查时间，应加强对研究项目的跟踪审查与监督管理工作，包括修正案审查、严重不良事件审查等。 3. 即使是在紧急情况下，未经伦理审查委员会事先审查和批准，不允许开展以人作为受试者的临床研究。 4. 疫情相关研究应当基于科学与伦理学最高标准，要基于最高的科学标准对研究的科学性进行评判，对受试者选择标准的合理性进行审查，特别重视对疫情相关研究可能的风险和受益进行评估，特别关注研究的知情同意和知情同意过程，特别关注受试者隐私保护措施，特别注意平衡研究中可能存在的利益冲突

第三节

药物与医疗器械临床试验伦理审查

除满足《药物临床试验质量管理规范》《医疗器械临床试验质量管理规范》《医疗器械监督管理条例》等政策法规要求外，药物与医疗器械临床试验的其他伦理审查主要参考文件有《药物临床试验伦理审查工作指导原则》和《涉及人的临床研究伦理审查委员会建设指南（2020版）》的《附则一 药物 / 医疗器械临床试验伦理审查》。后两个文件可以作为该领域开展伦理审查的重要指导文件，本节主要介绍这两个文件关于伦理审查的相关内容。

一、药物临床试验伦理审查工作指导原则

《药物临床试验伦理审查工作指导原则》是原国家食品药品监督管理局

于2010年根据《药品注册管理办法》和《药物临床试验质量管理规范》的有关规定制定的文件，主要规范和指导伦理委员会的药物临床试验伦理审查工作。该文件涉及科技伦理审查的主要内容整理如下。

（一）伦理审查的申请与受理

伦理审查申请人须按规定和要求向伦理委员会提交伦理审查申请。提交伦理审查申请的文件，包括但不限于：伦理审查申请表（签名并注明日期）；临床试验方案（注明版本号和日期）；知情同意书（注明版本号和日期）；招募受试者的相关材料；病例报告表；研究者手册；主要研究者履历；国家药品监督部门《药物临床试验批件》；其他伦理委员会对申请研究项目的重要决定的说明，应提供以前否定结论的理由；试验药物的合格检验报告。

伦理委员会在收到伦理审查申请人的申请后开始受理，对于提交的审查文件资料不齐全或不符合规定要求的，应当一次性告知伦理审查申请人需要补正的内容。

伦理委员会受理伦理审查申请后应告知申请人召开伦理审查会议的预期时间，并决定受理项目的审查方式，选择主审委员，必要时聘请独立顾问。

（二）伦理审查方式及要求

1. 伦理审查方式

伦理委员会审查以会议审查为主要审查方式，包括快速审查和紧急会议审查。

快速审查由一至两名委员负责审查。快速审查同意的试验项目应在下一次伦理委员会会议上通报。符合快速审查的情形包括：对伦理委员会已批准的临床试验方案的较小修正，不影响试验的风险受益比；尚未纳入受试者，或已完成干预措施的试验项目的年度 / 定期跟踪审查；预期的严重不良事件审查。快速审查项目转入会议审查的情形（满足任一条即可）包括：审查为否定性意见；两名委员的意见不一致；委员提出需要会议审查。

研究过程中出现重大或严重问题，危及受试者安全时，伦理委员会应召开紧急会议进行审查，必要时应采取相应措施，保护受试者的安全与权益。

2. 伦理审查相关要求

伦理审查通常以会议审查方式开展。伦理委员会应规定召开审查会议所需的法定到会人数。最少到会委员人数应超过半数成员，并不少于 5 人。到会委员应包括医药专业、非医药专业，独立于研究 / 试验单位之外的人员、不同性别的人员。

主任委员（或被授权者）主持伦理委员会会议。必要时可邀请独立顾问参会提供咨询意见、主要研究者 / 申办者可参加会议阐述方案或就特定问题作详细说明。伦理委员会秘书应归纳会议讨论内容和审查决定，形成会议记录。会议记录应有批准程序。

伦理委员会可建立“主审制”：伦理委员会根据专业相关以及伦理问题相关的原则，可以为每个项目指定一至两名主审委员。

（三）伦理审查内容

《药物临床试验伦理审查工作指导原则》以附件形式列出了伦理审查的详细内容要求，主要包括研究方案的设计与实施、试验的风险与受益、受试者的招募、知情同意书告知的信息、知情同意的过程、受试者的医疗和保护、隐私和保密、涉及弱势群体的研究等。

伦理审查应特别关注试验的科学性、安全性、公平性、受试者保护、知情同意文书及知情同意过程、利益冲突等问题。

多中心临床试验的伦理审查应以审查的一致性和及时性为基本原则。多中心临床试验可建立协作审查的工作程序。

（四）伦理审查的决定与送达

伦理审查会议以投票表决的方式作出决定，伦理委员会审查决定应经到会委员的半数以上同意。伦理委员会在作审查决定时，应符合文件所列的相关条件。

伦理审查意见的种类包括同意、作必要修正后同意、作必要修正后重审、不同意、终止或暂停已经批准的临床试验 6 类。

伦理委员会秘书应在会后及时整理会议记录，并根据会议记录和审查结论形成书面的伦理审查意见 / 批件。伦理审查意见 / 批件应有主任委员（或被授权者）签名，伦理委员会盖章。

伦理审查意见 / 批件经伦理委员会主任委员（或授权者）审核签字后，应及时传达给申请人。

伦理审查意见 / 批件的信息

一、基本信息

1. 试验项目信息：项目名称、申办者、审查意见 / 批件号。

2. 临床试验机构和研究者。

3. 会议信息：会议时间、地点、审查类别、审查的文件，其中临床试验方案与知情同意书均应注明版本号 / 日期。

4. 伦理审查批件 / 意见的签发日期。

5. 伦理委员会联系人和联系方式。

二、审查意见和决定

1. 审查决定为“同意”时，同时告知伦理委员会实施跟踪审查的要求。

2. 审查决定为“作必要修正后同意”和“作必要修正后重审”时，详细说明修正意见，并告知再次提交方案的要求和流程。

3. 审查决定为“不同意”和“终止或暂停已经批准的临床试验”时，必须充分说明理由，并告知申请人可就有关事项做出解释或提出申诉。

（五）跟踪审查

伦理委员会应对所有批准的临床试验进行跟踪审查，直至试验结束。跟踪审查的决定及其理由应及时传达给申请人。跟踪审查的类别包括修正案审查、年度/定期跟踪审查、严重不良事件的审查、不依从/违背方案的审查、提前终止试验的审查、结题审查。

1. 修正案审查

修正案审查是指对试验过程中试验方案的任何修改的审查。试验过程中对试验方案的任何修改均应提交伦理委员会审查批准后方可实施。伦理委员会应要求申办者和/或研究者就修正案审查提交相关信息，包括但不限于：修改的内容及修改原因；修改方案对预期风险和受益的影响；修改方案对受试者权益与安全的影响。

伦理委员会主要针对方案修改后的试验风险和受益进行评估，做出审查意见。为了避免对受试者造成紧急伤害而修改方案，研究者可以在提交伦理委员会审查批准前实施，事后及时向伦理委员会作书面报告。

2. 年度/定期跟踪审查

伦理委员会初始审查时应根据试验的风险程度，决定年度/定期跟踪审查的频率，至少每年一次。

伦理委员会应要求研究者按时提交报告，年度/定期跟踪审查报告信息包括（但不限于）：试验的进展；受试者纳入例数、完成例数、退出例数等；确认严重不良事件及时上报，妥善处理；可能影响研究风险受益的任何事件或新信息。

伦理委员会在审查研究进展情况后，再次评估试验的风险与受益。

3. 严重不良事件的审查

严重不良事件的审查是指对申办者和/或研究者报告的严重不良事件的审查，包括严重不良事件的程度与范围、对试验风险受益的影响，以及受试者的医疗保护措施。

4. 不依从 / 违背方案的审查

不依从 / 违背方案的审查是指对临床试验进行中发生的不依从 / 违背方案事件的审查。伦理委员会应要求申办者和 / 或研究者就事件的原因、影响及处理措施予以说明，审查该事件是否影响受试者的安全和权益、是否影响试验的风险受益。

5. 提前终止试验的审查

提前终止试验的审查是指对申办者和 / 或研究者提前终止试验的审查。伦理委员会应要求申办者和 / 或研究者报告提供提前终止试验的原因，以及对受试者的后续处理、审查受试者的安全和权益是否得到保证等情况。

6. 结题审查

结题审查是指对临床试验结题报告的审查。伦理委员会应要求申办者和 / 或研究者报告试验的完成情况，审查受试者安全和权益的保护。

二、药物 / 医疗器械临床试验伦理审查

《药物 / 医疗器械临床试验伦理审查》是《涉及人的临床研究伦理审查委员会建设指南（2020 版）》的附则，制定依据是《涉及人的生物医学研究伦理审查办法》《药物临床试验伦理审查工作指导原则》《赫尔辛基宣言》《涉及人的健康相关研究国际伦理指南》《药物临床试验质量管理规范》《医疗器械临床试验质量管理规范》《国际人用药品注册技术协调会药物临床试验质量管理规范》（ICH-GCP）等国内外文件，适用于为注册目的开展的药物 / 医疗器械临床试验及其他为注册目的开展的临床试验，包括体外诊断试剂和特殊医学用途配方食品等临床试验等。

（一）伦理审查委员会的制度文件

伦理审查委员会的指南操作规程与伦理审查申请指南等文件，应明确说明针对新药 / 医疗器械临床试验的特殊要求，包括但不限于：开展临床试

验的药监局意见/批件/受理通知或默示许可公示、申办方资质、试验药物/医疗器械的生产资质、检验报告、研究者手册或药物/医疗器械前期研究情况的总结资料、招募受试者的材料等。

（二）伦理审查

1. 特别关注受试者选择

药物/医疗器械伦理审查特别关注受试者选择的合理性和公正性，应充分考虑药物/医疗器械的作用机制及潜在风险，以保护受试者的权益。

Ⅰ期临床试验中可选用健康志愿者为受试者，Ⅱ、Ⅲ期临床试验应选择目标适应证患者。当存在以下情况时，Ⅰ期临床试验可考虑选用患者为受试者：

（1）作用靶点仅存在于患者。

（2）从健康志愿者获得的药代动力学数据完全不能外推到目标适应证患者。

（3）健康志愿者难以耐受治疗的不良反应等。

2. 关注利益冲突

伦理审查特别关注研究者与申办方、合同研究组织等研究参与方的利益冲突问题。

3. 审查方案的科学性和伦理合理性

药物/医疗器械临床试验，特别是新药首次人体试验，鉴于对试验产品的了解有限，应在充分考虑作用机制、临床前研究结果、国内外已知同类产品的研究结果、风险控制措施等基础上，对方案的科学性和伦理合理性进行审查。

4. 知情同意与受试者招募

药物/医疗器械临床试验的知情同意书审查时应重点关注：介绍使用研究产品的注意事项；研究药物/器械/检查项目预期的风险及可能存在未知风险；申办方免费提供的药物/器械/检查项目；受试者参加试验可能获

得的补助；发生损伤之后的处理措施；隐私保护措施（但监察员、稽查员、伦理委员会和监管部门可以按相应权限查阅受试者的医疗记录）；受试者生物样本的处理等。

伦理委员会需关注药物 / 医疗器械临床试验的受试者招募程序，建立相关制度或指南操作规程，对招募受试者的材料进行审查。

5. 跟踪审查及动态管理

伦理委员会应制定针对药物 / 医疗器械临床试验跟踪审查的特殊要求，对于新药首次临床试验可缩短跟踪审查时限，可在适应性设计 / 分阶段开展的临床试验的关键节点增加定期跟踪审查。

伦理委员会应制定针对药物 / 医疗器械临床试验安全性事件审查的特殊要求，特别关注新药临床试验可疑非预期严重不良反应（SUSAR）。

以患者为受试者的临床试验，暂停 / 提前终止时伦理委员会应关注仍在接受试验治疗的受试者的后续处理措施。

（三）多中心临床试验的伦理审查

多中心临床试验中各参与中心应根据本中心的研究者和试验实施的实际情况，充分评估可行性，特别是风险控制能力。

第四节
实验动物福利伦理审查

除《科技伦理审查办法（试行）》外，实验动物福利伦理审查主要指导文件是国家标准《实验动物　福利伦理审查指南》（GB/T 35892—2018），本节对该标准涉及的实验动物福利伦理审查内容进行梳理介绍。

一、实验动物福利伦理审查机构

根据不同的管理权限，福利伦理审查机构分为不同层级的实验动物福利伦理管理机构和实验动物从业单位设立的实验动物福利伦理审查机构。审查机构由本级实验动物主管机构或从业单位负责组建和人员聘任。审查机构可称为“实验动物福利伦理委员会”“实验动物管理和使用委员会（IACUC）”等不同称谓，但应具有审查的职能，以下简称为“伦理委员会”。

二、实验动物福利伦理审查程序及要求

实验动物福利伦理审查的程序包括伦理审查的申请与受理、伦理审查、审查决定作出、实施过程检查与终结审查等。

（一）伦理审查的申请与受理

使用实验动物的项目负责人向伦理委员会提请伦理审查，需要提交正式伦理审查申请表和相关的举证材料。《实验动物　福利伦理审查指南》在附录给出了实验动物福利伦理审查表的规范格式，需要项目负责人填写好后提交伦理委员会。

申请材料包括：实验动物或动物实验项目名称及概述；项目负责人及动物实验操作人员姓名、专业培训经历、实验动物或动物实验资质培训证书编号、实验动物环境设施及许可证号；项目的目的、必要性、意义和实验设计，拟使用动物的信息（包括选择实验动物种类和数量的原因），对动物造成的可预期的伤害及防控措施（包括麻醉、镇痛、仁慈终点和安死术等），动物替代、减少动物用量、降低动物痛苦伤害的主要措施及利害分析；遵守实验动物福利伦理原则的声明；伦理委员会要求的其他材料。

伦理委员会接到项目负责人的伦理审查申请材料后，由伦理委员会主席指定委员进行初审。

（二）伦理审查

伦理审查的初审主要依据审查原则和审查内容开展。实验动物福利伦理审查的审查原则有必要性原则、保护原则、福利原则、伦理原则、利益平衡原则、公正性原则、合法性原则、符合国情原则8项原则（见表6-3）。审查内容包括人员资质、设施条件、实验动物医师、动物来源、技术规程、动物饲养、动物使用、职业健康与安全、动物运输9方面内容（见表6-4）。

表6-3 实验动物福利伦理审查原则

审查原则	内容要点
必要性	动物的饲养、使用和任何伤害性实验应有充分科学意义和必须实施理由。禁止无意义滥养、滥用、滥杀实验动物。禁止无意义重复性实验
保护	确有必要的项目应遵守3R原则［即替代（Replacement）、减少（Reduction）、优化（Refinement）原则］
福利	动物生存期间包括运输中尽可能享有动物五项福利自由[1]。动物管理和处置要符合规范操作技术规程。采取痛苦最少的方法处置动物
伦理	尊重动物生命和权益，遵守人类社会公德。制止野蛮或不人道行为项目目的、实验方法、处置手段应符合人类公认的道德伦理价值观和国际惯例
利益平衡	在全面、客观地评估动物所受伤害和人类由此可能获取的利益基础上，负责任地出具福利伦理审查结论
公正性	审查和监管应独立、公正、公平、科学、民主、透明、不泄密，不受政治、商业和自身利益影响
合法性	项目目标、动物来源、设施环境、人员资质、操作方法等各方面不应存在任何违法违规或相关标准的情形
符合国情	遵循国际公认准则和我国传统公序良俗，符合国情，反对激进理念和极端做法

[1] 动物五项福利自由：免于饥渴的自由、免于不适的自由、免于痛苦伤害和疾病的自由、表达主要天性的自由、免于恐惧和焦虑的自由。

表 6-4　实验动物福利伦理审查内容要点

审查内容	内容要点
人员资质	从业人员应获得上岗资质。项目单位应制定专业培训计划并实施，保证从业人员熟悉实验动物福利伦理有关规定和技术标准；应有专业技术人员指导和监督新进人员或学员直到操作熟练并获得资质
设施条件	包括动物设施、设施设备、设备使用、生活空间、生产环境、环境丰富度、活动场地、定期检查等
实验动物医师	包括资质培训、职责要求等。资质培训包括实验动物医生应毕业于兽医或动物医学相关专业并获相应资质和培训，项目审查、实施审查应有实验动物医师或实验动物专业医护人员参与。职责要求包括日常检查监管及咨询、动物防疫、动物实验方案制定、药品管理等 14 条内容
动物来源	包括禁止使用的动物、野生动物使用、濒危物种动物等 7 条内容
技术规程	包括实验动物饲养管理、设施管理、各类动物实验操作等应符合实验动物福利质量标准、管理规定和规范性操作规程等
动物饲养	包括不虐待动物、定期观察、动物食物和饮水、新进动物、健康与患病动物隔离、特殊营养需要、饮食限制等 11 条内容
动物使用	包括开展实验动物替代方法研究应用、动物数量减至最低、有效麻醉、保定动物、安死术、仁慈终点选择、野生动物放归栖息地等内容
职业健康与安全	包括从业单位管理规定和技术操作规范及培训、设施安全风险评估及应急预案等，对人员健康、动物实施、公共卫生等安全的技术保障情况
动物运输	包括基本要求、运输条件、进出口、装卸和抵达等内容

（三）审查决定的作出

从伦理审查会议出席情况看，参加伦理审查的委员不得少于伦理委员会委员的半数。常规项目首次审查后，可由主席或授权的副主席直接签发。新项目应交伦理委员会审议，5 个工作日内提出书面意见。如有争议，应聘请有关专家参加，召开伦理委员会会议再次审查。

伦理委员会对未发现违反实验动物福利伦理有关法规、规定和本标准规定的，应通过福利伦理审查，并出具审查报告。《实验动物　福利伦理审查指南》列出了不能通过伦理审查的 13 种情形。

伦理委员会应采用协商一致的方法做出决议，无法协商一致时，应根据少数服从多数的原则，在 10 个工作日内做出福利伦理审查决议，由主席或授权副主席签发后，3 个工作日内送达。

（四）实施过程检查与终结审查

审查通过的项目应按照原批准的方案实施。任何涉及实验动物重大改变、变更的部分，均应在实施前重新申请审查和批准。项目结束时，项目负责人应向伦理委员会提交该项目伦理回顾性终结报告，接受项目的伦理终结审查。

伦理委员会应对批准项目的实际执行情况及偏差进行日常检查，发现问题时应提出整改意见，严重的应立即做出暂停实验动物项目的决议。对实验动物福利伦理审查决议有异议时，申请者或者被检查者可以补充新材料或改进后申请复审，或向上一级伦理委员会申诉。伦理委员会接到复审或申诉申请后，应在 10 个工作日内给予书面答复。

第五节 人工智能伦理规范

目前，我国尚没有明确的人工智能领域的伦理审查制度规范，《科技伦理审查办法（试行）》可以作为人工智能领域伦理审查的重要参考文件（相关科技伦理审查规范可参考本章第一节内容），另外，国家新一代人工智能治理专业委员会制定的《新一代人工智能伦理规范》也可以作为当前人工智能伦理审查的参考指南。该规范提出了人工智能各类活动应遵循的 6 项基本伦理规范和人工智能特定活动（即管理规范、研发规范、供应规范、使用规范）应遵守的 18 项具体伦理规范。

一、人工智能伦理审查可参考的原则要求

（一）增进人类福祉

坚持以人为本，遵循人类共同价值观，尊重人权和人类根本利益诉求，遵守国家或地区伦理道德。坚持公共利益优先，促进人机和谐友好，改善民生，增强获得感幸福感，推动经济、社会及生态可持续发展，共建人类命运共同体。

（二）促进公平公正

坚持普惠性和包容性，切实保护各相关主体合法权益，推动全社会公平共享人工智能带来的益处，促进社会公平正义和机会均等。在提供人工智能产品和服务时，应充分尊重和帮助弱势群体、特殊群体，并根据需要提供相应替代方案。

（三）保护隐私安全

充分尊重个人信息、知情同意等权利，依照合法、正当、必要和诚信原则处理个人信息，保障个人隐私与数据安全，不得损害个人合法数据权益，不得以窃取、篡改、泄露等方式非法收集利用个人信息，不得侵害个人隐私权。

（四）确保可控可信

保障人类拥有充分自主决策权，有权选择是否接受人工智能提供的服务，有权随时退出与人工智能的交互，有权随时中止人工智能系统的运行，确保人工智能始终处于人类控制之下。

（五）强化责任担当

坚持人类是最终责任主体，明确利益相关者的责任，全面增强责任意识，在人工智能全生命周期各环节自省自律，建立人工智能问责机制，不回避责任审查，不逃避应负责任。

（六）提升伦理素养

积极学习和普及人工智能伦理知识，客观认识伦理问题，不低估不夸大伦理风险。主动开展或参与人工智能伦理问题讨论，深入推动人工智能伦理治理实践，提升应对能力。

二、人工智能特定科技活动应遵守的伦理规范

（一）管理规范

（1）推动敏捷治理。尊重人工智能发展规律，充分认识人工智能的潜力与局限，持续优化治理机制和方式，在战略决策、制度建设、资源配置过程中，不脱离实际、不急功近利，有序推动人工智能健康和可持续发展。

（2）积极实践示范。遵守人工智能相关法规、政策和标准，主动将人工智能伦理道德融入管理全过程，率先成为人工智能伦理治理的实践者和推动者，及时总结推广人工智能治理经验，积极回应社会对人工智能的伦理关切。

（3）正确行权用权。明确人工智能相关管理活动的职责和权力边界，规范权力运行条件和程序。充分尊重并保障相关主体的隐私、自由、尊严、安全等权利及其他合法权益，禁止权力不当行使对自然人、法人和其他组织合法权益造成侵害。

（4）加强风险防范。增强底线思维和风险意识，加强人工智能发展的潜在风险研判，及时开展系统的风险监测和评估，建立有效的风险预警机制，提升人工智能伦理风险管控和处置能力。

（5）促进包容开放。充分重视人工智能各利益相关主体的权益与诉求，鼓励应用多样化的人工智能技术解决经济社会发展实际问题，鼓励跨学科、跨领域、跨地区、跨国界的交流与合作，推动形成具有广泛共识的人工智

能治理框架和标准规范。

（二）研发规范

（1）强化自律意识。加强人工智能研发相关活动的自我约束，主动将人工智能伦理道德融入技术研发各环节，自觉开展自我审查，加强自我管理，不从事违背伦理道德的人工智能研发。

（2）提升数据质量。在数据收集、存储、使用、加工、传输、提供、公开等环节，严格遵守数据相关法律、标准与规范，提升数据的完整性、及时性、一致性、规范性和准确性等。

（3）增强安全透明。在算法设计、实现、应用等环节，提升透明性、可解释性、可理解性、可靠性、可控性，增强人工智能系统的韧性、自适应性和抗干扰能力，逐步实现可验证、可审核、可监督、可追溯、可预测、可信赖。

（4）避免偏见歧视。在数据采集和算法开发中，加强伦理审查，充分考虑差异化诉求，避免可能存在的数据与算法偏见，努力实现人工智能系统的普惠性、公平性和非歧视性。

（三）供应规范

（1）尊重市场规则。严格遵守市场准入、竞争、交易等活动的各种规章制度，积极维护市场秩序，营造有利于人工智能发展的市场环境，不得以数据垄断、平台垄断等破坏市场有序竞争，禁止以任何手段侵犯其他主体的知识产权。

（2）加强质量管控。强化人工智能产品与服务的质量监测和使用评估，避免因设计和产品缺陷等问题导致的人身安全、财产安全、用户隐私等侵害，不得经营、销售或提供不符合质量标准的产品与服务。

（3）保障用户权益。在产品与服务中使用人工智能技术应明确告知用户，应标识人工智能产品与服务的功能与局限，保障用户知情、同意等权利。为用户选择使用或退出人工智能模式提供简便易懂的解决方案，不得为用户平等使用人工智能设置障碍。

（4）强化应急保障。研究制定应急机制和损失补偿方案或措施，及时监测人工智能系统，及时响应和处理用户的反馈信息，及时防范系统性故障，随时准备协助相关主体依法依规对人工智能系统进行干预，减少损失，规避风险。

（四）使用规范

（1）提倡善意使用。加强人工智能产品与服务使用前的论证和评估，充分了解人工智能产品与服务带来的益处，充分考虑各利益相关主体的合法权益，更好促进经济繁荣、社会进步和可持续发展。

（2）避免误用滥用。充分了解人工智能产品与服务的适用范围和负面影响，切实尊重相关主体不使用人工智能产品或服务的权利，避免不当使用和滥用人工智能产品与服务，避免非故意造成对他人合法权益的损害。

（3）禁止违规恶用。禁止使用不符合法律法规、伦理道德和标准规范的人工智能产品与服务，禁止使用人工智能产品与服务从事不法活动，严禁危害国家安全、公共安全和生产安全，严禁损害社会公共利益等。

（4）及时主动反馈。积极参与人工智能伦理治理实践，对使用人工智能产品与服务过程中发现的技术安全漏洞、政策法规真空、监管滞后等问题，应及时向相关主体反馈，并协助解决。

（5）提高使用能力。积极学习人工智能相关知识，主动掌握人工智能产品与服务的运营、维护、应急处置等各使用环节所需技能，确保人工智能产品与服务安全使用和高效利用。

第六节

新兴技术及交叉领域的科技伦理指引

新兴技术及交叉领域的科技伦理问题早已引起各界的关注，但目前尚没有针对新兴技术领域及交叉领域科技活动的伦理审查制度规范。2024 年 2 月和 7 月，科技部网站先后公布了国家科技伦理委员会人工智能伦理分委员会研究编制的《脑机接口研究伦理指引》、生命科学伦理分委员会研究编制的《人—非人动物嵌合体研究伦理指引》、医学伦理分委员会研究编制的《人类基因组编辑研究伦理指引》；2025 年 4 月，科技部网站公布了人工智能伦理分委员会研究编制的《虚拟现实技术研发伦理指引》和生命科学伦理分委员会编制的《人源类器官研究伦理指引》，供相关科研机构和科研人员参考使用。本节主要介绍这五个指引，为有相关需求的读者提供参考。

一、脑机接口研究伦理指引

脑机接口是在大脑与外部设备之间创建信息通道，实现两者之间直接信息交互的新型交叉技术。脑机接口应用主要包括医疗健康、交流沟通、生活娱乐等方面，能改善神经性瘫痪疾病患者的运动、交流、感知功能。

（一）脑机接口研究伦理的基本原则

脑机接口研究伦理的基本原则包括：保障健康、提升福祉；尊重被试、适度应用；坚持公正、保障公平；风险管控、保障安全；信息公开、知情保障；支持创新、严格规范 6 项（见表 6–5）。

表 6-5 脑机接口研究伦理的基本原则

基本原则	主要内容
保障健康、提升福祉	研究应适度且无伤害，研究目的是辅助、增强、修复人体的感觉 - 运动功能或提升人机交互能力，提升人类健康和福祉
尊重被试、适度应用	尊重知情权和个人尊严、自主决策权，最大限度保障人脑在结构功能和精神意识上的完整性。充分考虑风险和受益。涉及儿童与青少年神经发育研究的伦理评估审查和风险防范措施应更严格。增强型脑机接口应遵循适度原则，最小化对人类负面影响
坚持公正、保障公平	应公开透明，保障获取机会、社会竞争的公平性。防止受众与非受众间的偏见、歧视，保障受众与非受众的合法权益和公平对待
风险管控、保障安全	应坚持高水平科学标准、专业规范和伦理原则。确保高质量研究设计，有效控制研究风险，进行伦理审查、数据安全审查、过程风险监测，动态调整风险控制和管理措施
信息公开、知情保障	应积极信息共享，保障知情权。应准确、适时地公开信息、报告研究成果，保障研究质量。涉及新的、可能具有争议的技术时，应充分讨论，广泛听取利益相关方和公众意见
支持创新、严格规范	对严重危及生命且尚无其他有效治疗手段的罕见病，可在严格遵守国家医疗器械、临床研究等相关规定的条件下，经充分知情同意，开展创新产品临床试验

（二）脑机接口研究伦理的一般要求

脑机接口研究伦理的一般要求主要有合法合规、社会与科学价值、知情同意、隐私保护和个人信息保护、风险防控、资质要求、责任机制等方面（见表 6-6）。

表 6-6 脑机接口研究伦理的一般要求

一般要求	主要内容
合法合规	符合相关法律法规规定、遵循国际公认伦理准则及科学共同体达成的专业共识和技术规范。在人体上开展研究，应根据规定开展伦理审查，需进行安全性和有效性充分验证。侵入式研究应在提供足够充分安全、获益证据下开展，遵守医疗质量管理相关法律法规制度规范，保障医疗质量和安全

续表

一般要求	主要内容
社会与科学价值	应确保研究具有社会价值，服务公众健康需求。非医学目的的增强型技术应在严格规范、明确获益的前提下，一定程度上鼓励探索和发展。研究设计应科学合理，具有可操作性，具有科学价值
知情同意	应获得书面知情同意。研究参与者应在研究前全面获悉风险－受益评估结果。知情同意书和知情同意过程应规范，并获伦理审查批准。实施过程中如发现新风险信息或可能影响研究参与者意愿的，应重新获取知情同意。允许研究参与者在任何阶段无条件退出
隐私保护和个人信息保护	研究中收集的数据范围及可查阅人员的权限应由伦理委员会审批通过，应严格遵守《中华人民共和国个人信息保护法》《中华人民共和国数据安全法》等相关法律法规和标准规范，保障数据安全和被试的隐私和个人信息
风险防控	应建立安全风险防控机制、应急处理机制。持续关注并解决系统内部安全风险，开展长期安全性评估和验证，保障系统长期安全
资质要求	研究人员应具备相应专业水平和能力，经过专门技能培训和伦理培训。开展以患者为研究对象的临床研究须有临床医师参与，符合临床研究有关要求。研究团队及机构应具备满足要求的关键技术、研究条件和基础设施。侵入式研究应采用专业认证设备，药品设备安全性应符合法律法规和国家标准规范要求
责任机制	应增强系统透明性、可解释性、可靠性、可控性，确保技术设计、研发、使用、部署等阶段可追责。遵循相关法律法规和标准规范，明确各方责任划分机制

（三）脑机接口研究类型

《脑机接口研究伦理指引》对非侵入式修复型、侵入式修复型脑机接口研究、介入式、增强型、动物 5 种类型的脑机接口研究提供伦理指导。

1. 非侵入式修复型脑机接口研究

非侵入式修复型脑机接口伦理指引主要要点包括以下几方面：

（1）研究申请者应当在伦理审查中承担举证责任，充分说明研究风险及预防措施，研究人员需事先明确告知被试者潜在的研究风险以及相应风险－受益评估情况，明确征得被试者或其合法授权人同意，且尊重被试者随时中止的权利。

（2）研究要保证接触人体的设备器件安全性达到相关国家标准或规范，持续关注并解决系统内部安全风险，提升安全水平。

（3）严格控制干预人的思维、精神和神经活动过程的研究，尽可能避免各种直/间接伤害，尊重人的自主权。

（4）脑信号数据处理各环节应向被试保持透明，严格遵守相关法律、标准与规范，保障数据安全和被试隐私。

（5）充分考虑对儿童与青少年的神经发育过程影响，对相关研究可能导致的身心伤害与权利侵犯采取严格的伦理评估和防范措施。

2. 侵入式修复型脑机接口研究

侵入式修复型脑机接口除应当遵从非侵入式修复型脑机接口伦理指引以外，需要遵从以下要求：

（1）需符合国家相关法律法规和标准规范，遵守医学伦理规范。

（2）充分评估风险和受益，在充分考虑和避免身心伤害与权利侵害，且有充分科学证据前提下，经过严格审慎程序后，确定采用侵入式脑机接口技术必要性和合理性。

（3）严格遵守医疗手术各项规范，电极等设备植入手术应由专业医生操作，尽量避免和减少手术过程中和手术后的组织损伤、感染风险。

（4）监控长期安全风险，监控研究过程中的脑信号衰减消失，以及装置失能等情况应及时处理，保障患者安全。

（5）研究结束后，医生应根据患者情况确定是否取出植入物，最大限度保障患者安全。

3. 介入式脑机接口研究

介入式脑机接口除了应当遵守非侵入式、侵入式脑机接口研究相关伦理指引以外，还应遵守以下几点要求：

（1）需严格遵循介入手术各项医疗规范，符合国家相关法律法规和标准规范，由专业人员开展介入手术及介入式传感器操作，降低导入引起的短期风险。

（2）监测长期导入设备的感染风险，严密观察血管内血栓形成等不良反应，监控患者凝血状况，降低凝血功能异常风险。

（3）监控长期导入过程中介入式传感器因组织包裹、炎症反应导致信号衰减消失乃至装置失能等长期风险，保障患者安全。

4. 增强型脑机接口研究

增强型脑机接口一般为非侵入式，该类技术尚处于发展初期，存在未知风险。增强型脑机接口除了应当遵守非侵入式修复型脑机接口相关的伦理指引以外，需要遵守以下几点要求：

（1）充分考察风险和受益，适度使用，最小化造成的负面影响。

（2）严格控制可能引起成瘾、影响人类正常思维和行为的研究。

（3）严格控制相关技术在社会竞争领域的研究应用，保障社会竞争公平性。

（4）强调人类自主性，在增强型脑机接口技术未能充分证明其优于人类的水平并取得社会共识的情况下，避免脑机接口替代或削弱人类判断决策能力，避免明显干扰、模糊人类自主性和自我认知的脑机接口研究。

5. 动物脑机接口研究

动物脑机接口研究涉及动物手术、实验、饲养等环节，如若操作不当，会降低动物的生活福利，甚至危害其生命健康。动物脑机接口研究应遵循我国的《实验动物管理条例》《关于善待实验动物的指导性意见》等相关管理规定，遵循“3R”原则。

二、人一非人动物嵌合体研究伦理指引

人一非人动物嵌合体（以下简称“嵌合体”）对探索人类自身发育、药物筛选、构建动物疾病或损伤模型、寻找治疗疾病新路径以及研究人体器

官再生、开展器官再造等具有重大意义。

（一）人—非人动物嵌合体研究伦理基本原则

嵌合体研究伦理基本原则包括有益原则、控制风险原则、尊重自主原则、科学必要原则、公平公正原则 5 项（见表 6–7）。

表 6–7 人—非人动物嵌合体研究伦理的基本原则

基本原则	主要内容
有益原则	应推进生命科学、医学等领域发展，有益于社会及人民生命健康，增进人类福祉
控制风险原则	应尽量减小或避免对人体生物材料捐献者、相关人群、实验动物及周围环境等造成伤害或威胁，保障实验动物福利，并遵循“替代、减少、优化”原则
尊重自主原则	应充分尊重并保障人体生物材料捐献者自主决定权，包括捐献者自主决定是否捐献、是否参加研究、自愿退出研究等
科学必要原则	应具有实质性科学价值、充分科学根据和必要实施理由，并只有在无其他可行替代方案时才能开展嵌合体实验研究
公平公正原则	成果应惠及更广泛人群，并应公平、合理地分配研究可能产生的受益、风险和负担，避免研究及其结果对特定群体污名化、歧视或其他不公平待遇

（二）人—非人动物嵌合体研究伦理一般要求

人—非人动物嵌合体研究伦理一般要求主要有科学价值、合法合规、伦理审查、知情同意、干细胞要求、实验动物福利、人员与设施、生物资源管理、国际合作等方面（见表 6–8）。

表 6–8 人—非人动物嵌合体研究伦理的一般要求

一般要求	主要内容
科学价值	充分关注并客观评估研究的科学性、合理性及科学价值，要有利于增加科学知识和潜在公共利益
合法合规	严格遵守国家法律、行政法规和相关规定
伦理审查	研究机构应设立伦理审查委员会。伦理审查委员会委员应具备嵌合体研究相关的伦理审查能力，必要时该领域专家顾问，严格伦理审查与监督

续表

一般要求	主要内容
知情同意	尊重人体生物材料捐献者自主决定权，严格执行知情同意要求，保护捐献者的隐私等权益
干细胞要求	严格遵循干细胞等相关研究伦理规范和标准。所用人干细胞及衍生细胞、组织等来源应遵守国家法律法规、规范性文件相关规定及科技伦理原则和要求
实验动物福利	遵循实验动物福利伦理，可行范围内优先使用无知觉实验材料，或用相对低等动物替代高等动物，在可实现研究目标的前提下，应使用尽量少的动物，不对其造成过度伤害，在适合实验动物生存的实验环境下开展
人员与设施	科研人员应具备必要专业知识，经过专门技能和相关伦理法律培训。研究机构要有适当的研究条件和实验设施
生物资源管理	严格保管研究过程中获取的人类遗传资源、其他生物资源以及剩余生物材料和形成的衍生资源与研究成果
国际合作	遵循国际公认的伦理准则，遵守合作各方所在国家或地区的法律法规

（三）人—非人动物嵌合体研究特殊要求

人—非人动物嵌合体研究伦理特殊要求主要包括靶向嵌合、胚胎嵌合、成体嵌合、神经系统嵌合、生殖系统嵌合、非人灵长类嵌合等方面（见表6-9）。

表6-9　人—非人动物嵌合体研究伦理的特殊要求

特殊要求	主要内容
靶向嵌合	优先考虑采用靶向嵌合策略，将人干细胞或其衍生物嵌合的位置限制在特定器官、系统或区域，并将其分化的命运限定在特定的细胞类型
胚胎嵌合	仅当其他方法无法解答研究问题时，才可将人干细胞或其衍生物移植到非人动物胚胎或子宫内胎儿进行研究。严格测算实现科学目标所需最短时间并在最短时间内进行。完全妊娠是科学和伦理论证后的合理且必要目标之一，应分阶段进行；实验方案应对每个阶段或步骤明确规划，并根据人类及动物神经、生殖等系统发育关键时间节点设计，设定明确的妊娠终止时间评估发育过程中嵌合程度和范围；完成所有评估后方可进行实验
成体嵌合	人干细胞及其衍生物或其他类型的人细胞植入已出生动物宿主体内的研究，应具备充分科学依据，全面分析研究风险受益比，严格遵循实验动物福利伦理

续表

特殊要求	主要内容
神经系统嵌合	将人干细胞或其神经和 / 或神经胶质直接衍生物移植到已出生动物宿主的中枢神经系统，或将人多能干细胞或其衍生物移植到非人动物胚胎或子宫中胎儿体内并完成妊娠的，应高度重视潜在伦理风险，预先评估人干细胞及其衍生物对动物宿主中枢神经系统的可能贡献度，制定风险防控方案。研究过程应谨慎全面地收集和记录与动物福利伦理保护相关的数据
生殖系统嵌合	可能导致实验动物性腺中存在人生殖细胞或生殖细胞前体细胞的研究，研究人员应高度重视潜在伦理风险。预先评估人干细胞及其衍生物对动物宿主生殖系统的可能贡献度，制定风险防控方案。不得将可能产生人生殖细胞的嵌合体进行交配以繁殖后代
非人灵长类嵌合	仅当使用与人类亲缘关系更远所有其他物种仍无法解答科学问题时，才可使用非人灵长类动物。最好有经过培训的专门从事非人灵长类动物护理的兽医人员参与。不得将嵌合胚胎植入人类或类人猿（如长臂猿、大猩猩、黑猩猩、合趾猿等）体内

2022 年 10 月，由中国细胞生物学学会发布的团体标准《人干细胞研究伦理审查技术规范》（T/CSCB 0009—2022），可以作为从事人干细胞研究活动的伦理审查参考。该标准规定了人干细胞研究伦理审查原则、审查内容、审查类型及审查程序，适用于人干细胞非临床研究的伦理审查。

三、人类基因组编辑研究伦理指引

人类基因组编辑技术是一种快速发展的前沿生物技术，已广泛应用于生物医学研究，并为诊断、治疗和预防遗传性疾病提供了新方案。

（一）人类基因组编辑研究伦理基本原则

人类基因组编辑研究伦理基本原则包括增进人类福祉、尊重人、审慎负责、公平公正、公开透明（见表 6-10）。

表 6-10 人类基因组编辑研究伦理基本原则

基本原则	主要内容
增进人类福祉	是人类基因组编辑研究的原动力，也是首要原则，体现以人为本的理念，从价值判断维度引导和促进人类基因组编辑研究沿着向善的轨道发展
尊重人	应尊重人的尊严，保障研究参与者的知情权、隐私权和自主决定权等基本权益。使用人类胚胎的研究应基于科学依据并符合伦理要求
审慎负责	必须审慎评估人类基因组编辑技术的使用条件，充分考虑其研究应用的科学价值与社会价值，并重点关注潜在风险，特别是临床研究应充分评估拟解决疾病的严重程度与潜在风险。应坚持科学标准和专业规范，确保高质量研究设计、有效风险控制措施、全过程风险监测，并接受恰当的监管
公平公正	应公平选择研究参与者，制定科学合理的纳入 / 排除标准，公平分配研究获益与风险。研究成果应被公平分配，能够惠及包括脆弱人群在内的相关群体。研究成果转化应优先考虑医疗领域新技术的可及性和可负担性，而不应仅由市场决定
公开透明	应公开透明，建立利益相关方和社会公众的合理参与机制。在保护隐私和个人信息前提下，加强信息共享，客观准确公开研究信息和研究成果，减少重复研究，提高研究质量

（二）人类基因组编辑研究伦理一般要求

人类基因组编辑研究伦理的一般要求主要有目的合理、保护研究参与者、研究资质及条件、知情同意（见表 6-11）。

表 6-11 人类基因组编辑研究伦理的一般要求

一般要求	主要内容
目的合理	人类基因组编辑研究应具备重要科学价值与社会价值。临床研究应仅限于以治疗或预防为目的的医学干预。禁止对研究参与者进行非医疗目的的基因组改变
保护研究参与者	应确保对研究参与者的安全和基本权益的考量重于对科学知识增长及对未来人类健康获益的考量
研究资质及条件	研究人员应恪守科研规范，具备相应的专业能力和水平，经过专门的技能培训和伦理培训。研究团队及相关研究机构应具备满足研究要求的关键技术、研究条件和基础设施等

续表

一般要求	主要内容
知情同意	开展人类基因组编辑研究应获得研究参与者明确、有效的知情同意。知情同意书的内容和知情同意的获取过程应规范有效。如果研究过程中发现风险可能增加时，应再次获取研究参与者明示的知情同意。研究参与者为无民事行为能力者，应获得监护人的同意；研究参与者为限制民事行为能力者，应获得监护人的同意并获得研究参与者的赞同。研究参与者可在任何阶段无条件退出研究

（三）人类基因组编辑研究伦理特殊要求

1. 人类基因组编辑的基础研究和临床前研究

对生殖细胞、受精卵或人类胚胎进行基因组编辑研究时，严禁将编辑后的生殖细胞、受精卵或人类胚胎用于妊娠及生育。

开展涉及体细胞、生殖细胞、受精卵以及体外人类胚胎等基因组编辑研究时，样本来源须合法合规，且应充分说明样本使用的必要性和不可替代性，人类胚胎体外培养等的剩余生物材料处理应遵守国际国内公认的伦理准则和技术标准。

2. 人类体细胞基因组编辑的临床研究

体细胞基因组编辑临床研究的主要目的是治疗或预防疾病。体细胞临床研究应基于基础研究证据，进行必要的动物实验及临床前体外实验以获得开展临床研究所需的安全性、有效性循证。

体细胞基因组编辑策略的使用应有恰当的适应证，且必须综合比较其他可替代治疗方法（如小分子疗法、生物制剂治疗、其他基因治疗等），评估其安全性、有效性、可及性和卫生经济学等，充分论证体细胞基因组编辑临床研究的科学性和合理性。临床研究时，应特别关注是否有引起生殖细胞发生意外改变的证据。

涉及人类胚胎和胎儿体细胞的基因组编辑研究，还须审慎考虑并评估可能造成可遗传变异的风险，尤其是在人类胚胎发育早期阶段，避免可遗传的基因组被编辑的风险。

3. 人类生殖系基因组编辑临床研究

人类生殖系基因组编辑包括引入自然界存在的变异、产生完全新的可能有益的遗传改变等。由于这些基因改变将可能作为人类基因库的一部分传递给未来世代，因此需要进行更深入的伦理考量，包括但不限于：编辑错误（脱靶）、编辑不完整的风险；难以预测的有害影响，这些影响可能源自目的基因组被编辑的过程中，与其他基因和环境的交互作用以及产生新的基因变异等；改变的基因一旦被引入人类，将难以消除，并且不会仅仅保持在某一个社群或国家；对某些群体的永久性基因“增强”，可能会有损人的尊严，加剧社会的不平等；生殖系基因组编辑的临床研究，应特别考虑个体和未来世代存在携带变异基因的可能性；使用生殖系基因组编辑技术对人类演化 / 衍化的影响。

应该特别注意的是，目前进行任何生殖系基因组编辑的临床研究是不负责任和不被允许的。只有在对获益与风险以及其他可供选择的方案进行充分理解和权衡，安全性和有效性问题得以解决，已获得广泛的社会共识，经严格审慎的评估并在严格监管下，才可考虑开展临床研究。

四、虚拟现实技术研发伦理指引

虚拟现实是一种通过计算机生成的三维环境，使用户能够沉浸其中并与之互动的技术。通过头戴式显示器、手柄、传感器等设备，为使用者提供视觉、听觉、触觉等多种感官体验，使其感觉仿佛置身于一个真实的虚拟世界中。

（一）虚拟现实技术研发的伦理基本原则

虚拟现实研发的伦理基本原则包括：增进人类福祉、维护个人权益、合理控制风险、公正公平、国际合作与交流（见表 6–12）。

表 6-12　虚拟现实技术研发的伦理基本原则

基本原则	主要内容
增进人类福祉	应以人为本，秉承科技向善的宗旨，以能够更好地增进人类福祉为目标，推动社会团结和谐、安全稳定、繁荣富足、安居乐业和文明进步
维护个人权益	应尊重人的尊严和自主性，维护个人基本权益，重视保护个人隐私安全，个人信息的处理应遵循合法、正当、必要和诚信的原则
合理控制风险	应高度关注安全性，重视并加强透明性、可解释性、可靠性、可控性，应确保人始终拥有对虚拟现实应用的可靠控制
公正公平	应惠及广大人民群众，保障人们在获取虚拟现实技术的机会方面的公正性，应特别关注容易被忽视的、缺乏代表性的群体，提升弱势群体的适应性，弥合不同群体、不同行业、不同区域间的数字鸿沟，在医疗、教育、就业等社会竞争领域的研发应保障社会竞争公平性
国际合作与交流	应基于“和而不同、和而求同”原则，尊重不同文化语境下伦理的本土化诠释，并努力在人权保障、技术包容性、可持续发展等方面形成共识，推动建立文明互鉴新维度和人类命运共同体

（二）虚拟现实技术研发的伦理要求

虚拟现实技术研发的伦理要求主要有合法合规、知情同意、隐私保护和个人信息保护、风险防控、责任明晰、群体保护、警示标识（见表 6–13）。

表 6-13　虚拟现实技术研发的伦理要求

伦理要求	主要内容
合法合规	遵守我国宪法、法律法规和有关规定以及科技伦理规范，遵循国际公认的伦理准则，以及科学共同体达成的专业共识和技术规范。不得通过虚拟现实技术研发进行非法活动、侵害他人合法权益、破坏社会稳定，不得散播与虚拟现实技术实际用途和效果不符的虚假广告信息
知情同意	尊重和维护个人基本权益，以及个人基本权益在数字世界的合法延伸，不应干扰、操控人的意志。应有明确标识，禁止隐瞒非人类服务的事实，应以明确方式提示虚拟现实是数据与信息处理工具
隐私保护和个人信息保护	重视保护个人隐私安全，对个人信息的收集、存储、使用、加工、传输、提供、公开、删除等处理行为应通知本人并获得同意方可进行，应建立完善的授权与撤销机制

续表

伦理要求	主要内容
风险防控	避免产生和扩大歧视和偏见，对弱势群体使用虚拟现实可能造成的身心负面影响应经过充分的事前评估。应实现可审核、可监督、可追溯、可信赖，提高鲁棒性和抗干扰性，提升安全评估和管控能力。应确保人始终能可靠控制虚拟现实技术，采取有效措施避免和预防虚拟现实技术的误用、滥用、恶用，以及颠覆和冲击现有生活秩序、公序良俗或危害社会安全稳定
责任明晰	应明确告知所有参与虚拟现实技术设计、研发的相关组织或个人所要承担的责任，应有促进更好的责任审核和追溯的机制，重视对虚拟现实技术的监督评估
群体保护	应针对儿童等特殊群体使用虚拟现实技术建立专项保护机制，制定儿童使用时长分级标准，植入家长监护功能模块，避免过度沉浸虚拟场景影响儿童现实认知能力的健康发展；相关技术和产品方应定期提交儿童身心影响评估报告，避免向低龄儿童开放强沉浸的虚拟现实应用
警示标识	应在设备、界面、交互场景及说明书中以文字、语音、音频或者通用符号等显性标识形式醒目提示潜在风险，明确说明技术应用可能诱发的健康风险、行为异化、自我意识干扰、社交关系弱化及社会认知偏差等问题。应构建动态警示体系，依据用户年龄、使用场景等调整警示强度与呈现形式，对未成年人群体需强化神经发育风险的预防性警示。警示标识应遵循国际通行的符号语言标准，确保跨文化可识别性

（三）虚拟现实技术研发伦理问题

虚拟现实技术研发的伦理问题包括价值异化、行为异化、关系异化、社会异化四方面问题（见表 6–14）。

表 6–14　虚拟现实技术研发的伦理问题

伦理问题	主要内容
价值异化	主体道德意识虚化：沉浸式体验、角色扮演、感官剥夺和技术依赖导致主体原有的道德认知、道德情感、道德意志和道德行为出现弱化、模糊化或丧失的现象
	主体自我意识弱化：沉浸式体验、角色扮演、感官剥夺和技术依赖导致的主体自我感知、自我认同和自我反思能力降低的现象
	主体价值认同偏移：沉浸式体验、角色扮演、感官剥夺和技术依赖导致主体对社会主流的价值观、信念和认同感发生改变或偏离的现象

续表

伦理问题	主要内容
行为异化	行为操控：通过虚拟环境设计、交互机制和技术手段，影响或引导用户在虚拟现实中的偏好改变、意志形成和行为决策
	行为依赖：通过虚拟环境的设计、激励机制、交互方式，造成用户在虚拟环境中形成对特定行为模式的持续倾向或习惯，进而导致用户身心健康受损，甚至形成病理性依赖
关系异化	关系主体困境：通过虚拟主体设置的“身份隐蔽”，造成用户在现实与虚拟身份之间产生认同混淆或混乱
	关系对象困境：通过虚拟情景创造“多元互动”，造成用户与虚拟角色建立情感联系、社交互动或依赖关系时面临的认知、情感、道德的尺度失控
	关系场景困境：通过虚拟空间的塑造“行动自由”，造成主体在虚拟空间的排他性、奖励性和异化性行为
社会异化	社会安全：通过对世界和人的感知与行为的数据化模拟和仿真，造成损害个人权益、社会稳定和公共安全的问题
	社会责任：因自动化、自主性、动态性等特征，造成的责任归属与责任主体模糊、交织、分散的现象
	社会权利：虚拟现实的不合理利用，包括滥用、误用，对人的基本权利、人身、隐私、财产等造成侵害或产生负面后果

（四）虚拟现实技术伦理评估（审查）

从事虚拟现实技术的主体应主动开展伦理评估（审查），设置相应审查机构（机制），产品或技术应按照国家有关规定获得伦理审查通过后方能上市；伦理评估（审查）坚持预防为主、主动发现、积极防范的原则，围绕虚拟现实技术的研究开发的必要性、合理性和规范性，从失控性、社会性、责任性、歧视性、侵权性等方面识别伦理风险隐患，及时分析发现的潜在伦理问题，采取积极措施降低或规避伦理风险。《虚拟现实技术研发伦理指引》从流程、手段、方法三个方面提供了伦理评估（审查）的一般性指导，供从事虚拟现实技术的主体参考。

1. 伦理评估（审查）流程

虚拟现实技术研发伦理评估（审查）流程包括准备、信息调研、风险识别、综合分析和总结五个环节（见图 6–3）。

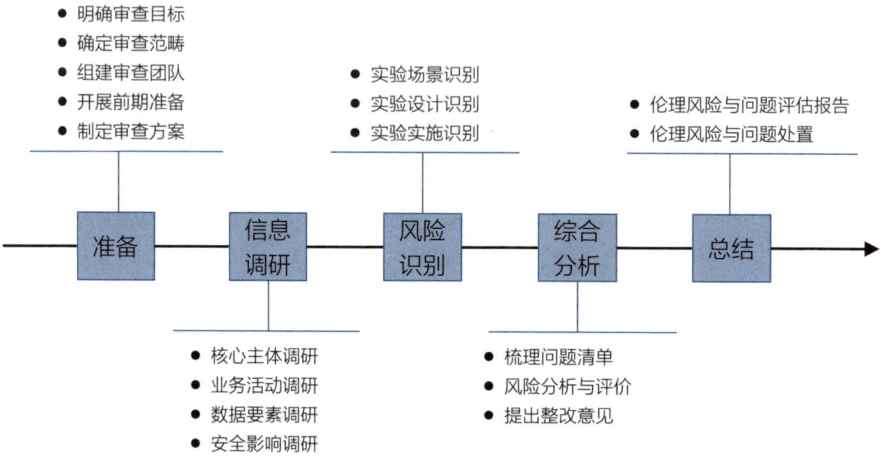

图 6-3　虚拟现实技术伦理评估（审查）流程

2. 伦理评估（审查）手段

虚拟现实技术研发伦理评估（审查）手段包括人员访谈、文档查验、问题核查、技术测试。

（1）人员访谈。对相关技术主体、应用主体、开发主体、用户主体进行访谈，核查伦理制度规章、伦理防护措施、伦理责任落实情况。

（2）文档查验。查验伦理风险管理制度、伦理风险评估报告、伦理问题测评报告等有关材料及制度落实情况的证明材料。

（3）问题核查。核查技术场景、技术设计、技术应用、数据库和数据平台等伦理风险的处置策略、配置、措施情况。

（4）技术测试。应用技术工具、性能测试等手段查看虚拟现实技术应用情况、检测防护措施有效性。

3. 伦理评估（审查）方法

虚拟现实技术研发伦理评估（审查）办法包括伦理理论推演、伦理原则规范和情景案例归纳。

（1）伦理理论推演。第一，通过伦理学的基本理论分析对将要嵌入虚拟现实的伦理目标进行解析，明晰研发的价值合理性、规范冲突、人类主体地位等问题，同时界定利益相关者。第二，把虚拟现实技术的伦理目标落实到具体架构内，包括物理载体、算法和接口。第三，把虚拟现实技术研发与应用场景相结合，确保预设的具体价值规范在使用语境中能够发挥作用。第四，对具有潜在道德规范的虚拟现实技术进行合理性测评，判断其是否公正合理，是否符合预期。

（2）伦理原则规范。在虚拟现实技术的研究、开发与应用过程中，运用伦理原则进行伦理评估，并对其伦理问题的可能性进行分析，需要预测和识别潜在风险、分析与澄清伦理问题、开发伦理问题解决方案，以及通过同行评议对方案进行审议，并就方案与政府、公众相互沟通。

（3）情景案例归纳。从案例出发，先确定虚拟现实技术伦理上可接受或不可接受的行为，通过对各种案例的分析比较，将类似的案例和行为纳入各类范式中进行伦理分析与评判。在实验推广和部署应用阶段，通过了伦理评估的虚拟现实技术需要与社会系统进行融合以获得特定的社会角色，根据社会的价值选择进行调整以提高产品与社会价值系统的融合度。

五、人源类器官研究伦理指引

近年来，人源类器官（以下简称“类器官”）研究发展迅速。类器官可用于基础研究，并在疾病模型构建、药物毒性评估、药物筛选等领域展现出较为广泛的应用前景。

（一）类器官研究伦理基本原则

类器官研究伦理基本原则包括有益原则、控制风险原则、尊重自主原则、科学必要原则、公平公正原则（见表6-15）。

表6-15 类器官研究伦理的基本原则

基本原则	主要内容
有益原则	应致力于推动生命科学和医学等领域的科学进步，增进社会公共利益及人类健康福祉。研究应通过提升对疾病的理解、改进治疗方法及推动个性化医学等方式，造福人类
控制风险原则	应通过科学设计、规范操作及必要监管，尽可能减小或避免对人体生物材料捐献者、相关人群、实验动物及周围环境造成伤害或威胁
尊重自主原则	应充分尊重和保障人体生物材料捐献者的自主决定权，包括捐献者自主决定是否捐献、是否参加研究、参加哪些研究以及是否退出研究等
科学必要原则	应具备明确的科学目标，充分的科学依据，以及实施的必要性与合理性，以确保研究具有实质性的科学价值和伦理正当性
公平公正原则	成果应尽可能广泛惠及各类人群，应合理分配研究可能带来的利益、风险和负担，避免研究结果对特定群体产生污名化、歧视或其他不公平待遇

（二）类器官研究伦理一般要求

类器官研究伦理一般要求主要有科学价值、合法合规、伦理审查、知情同意、人员设施、资源管理、数据要求、国际合作（见表6-16）。

表6-16 类器官研究伦理的一般要求

一般要求	主要内容
科学价值	应在科学、社会等方面进行全面价值考量。研究应有助于扩展科学知识，并具有潜在的公共利益贡献，符合科学和社会进步需求
合法合规	应严格遵守我国法律法规和相关规定以及科技伦理规范。研究目标、研究内容、人体生物材料与实验动物的获取与处置、实验设施环境、研究人员资质、操作方法和研究结果发布等方面不得存在违法违规的情形，并遵循科技伦理的基本原则与要求。开展类器官相关临床研究的，还应当严格遵守我国临床研究相关法律法规、部门规章及有关规范性文件和技术准则、伦理规范的要求

续表

一般要求	主要内容
伦理审查	研究机构应设立伦理审查委员会。伦理审查委员会委员应具备类器官研究相关的伦理审查能力。必要时，伦理审查委员会可以邀请类器官研究领域的专家顾问，就研究中的特定问题提供专业咨询意见，以确保伦理审查的全面性与质量。委员会应对相关研究实施持续的跟踪审查与监督
知情同意	应尊重和保障人体生物材料捐献者的知情权和参加研究的自主决定权，严格执行知情同意程序，保护捐献者的隐私及其他权益；应确认拟开展的类器官研究不超出人体生物材料捐献者的同意范围，如有超出需再次征得捐献者同意。法律、行政法规另有规定的，依照其规定
人员设施	从事类器官研究的科研人员应具备必要的专业知识，并接受相应的专门技能、相关法律法规、伦理规范及安全要求培训；研究机构应具有适当的科研条件及实验设施，以确保研究的规范性与安全性
资源管理	应对研究过程中获取的人类遗传资源、生物资源及其他相关资源实施妥善保存与严格管理。对于剩余的生物材料、形成的衍生资源及研究成果，应遵守我国法律法规、规范性文件及伦理规范，进行系统化管理，并妥善开展存储、共享与处置工作。管理过程中应注重资源的可追溯性与安全性，确保其科学使用，促进研究开展，并符合伦理合规性要求
数据要求	数据的采集、存储、处理、分析和共享应严格遵守我国相关法律和伦理规范，保障数据的合理、安全及合规使用，保护数据捐献者隐私。研究结束后，应根据相关规定和捐献者的意愿，对数据进行严格管理与妥善处置
国际合作	应遵循国际通行的伦理准则，并遵守合作各方所在国家或地区的相关法律法规

（三）类器官研究的特殊要求

《人源类器官研究伦理指引》对脑类器官研究、类器官—嵌合体研究、人干细胞胚胎模型研究三类研究提出了特殊要求，并对涉及这些类型研究的伦理审查和人员设施提出特殊要求。

1. 脑类器官研究的特殊要求

从事脑类器官研究时，特别需要关注其在长时程培养过程中，可能形成的复杂神经网络和自发性电活动，重视其潜在的意识属性发展风险。应开展全面的伦理风险评估，并制定相应的风险防控方案，建立标准化检测机制，持续监测脑类器官的电生理活动水平及复杂度。

2. 类器官—嵌合体研究的特殊要求

在进行类器官移植至非人动物的研究时，应科学、合理、审慎地选择移植的人类细胞数量，严格评估并高度重视其潜在伦理风险。此类研究应严格遵守《人—非人动物嵌合体研究伦理指引》等相关规范，尊重实验动物福利伦理。

3. 人干细胞胚胎模型研究的特殊要求

人干细胞胚胎模型在体外培养时间应以实现科学目标所需的最短时间为原则。在研究过程中，应谨慎关注胚胎模型的发育动态，详细观察并记录关键生物学事件，特别是在中枢神经系统等敏感领域的发育情况。

对于整合型干细胞胚胎模型研究，应对可能出现的伦理问题保持警觉，预先评估风险，并制定相应的防控方案；应明确培养的终止条件。

应特别注意的是，禁止将人干细胞胚胎模型植入人类或动物宿主的子宫内。

4. 伦理审查的特殊要求

对于涉及脑类器官和整合型干细胞胚胎模型的研究，若已设立伦理审查委员会，应在现有委员会的基础上，增补具备相关领域专业知识和伦理审查能力的委员，或邀请具有该领域资深经验的顾问专家提供专业咨询意见，以对该类研究进行伦理审查和持续监督。

涉及《科技伦理审查办法（试行）》所规定的需要专家复核的科技活动，研究机构应根据相关规定，向所在地方或相关行业主管部门申请专家复核。

5. 人员设施的特殊要求

对于涉及人干细胞胚胎模型的研究，研究人员应具备相关领域的专业知识和技能，包括对干细胞研究的深入理解与专业能力，以及在动物系统中进行胚胎培养的丰富经验等。研究机构应具备相应的科研条件和实验设施，以确保研究的科学性、规范性与安全性。

第七章

科技伦理监督管理

CHAPTER 7

2019 年以来，我国科技伦理治理工作全面展开，通过加强和完善科技伦理治理顶层设计、制定科技伦理审查和监管制度规范等，建立健全科技伦理监督管理的体制机制，逐步形成科技伦理监督管理的基本架构。本章主要介绍我国科技伦理监督管理主体职责和主要措施。

第一节

科技伦理监督管理主体职责

科技伦理监督管理主体主要包括政府相关部门和科技创新主体，各层级管理主体按职责权限和隶属关系负责科技伦理监督管理工作。科技伦理（审查）委员会是确保科技活动符合科技伦理规范和要求的科技伦理监督管理执行主体，科技伦理（审查）委员会对科技活动的监督管理已在第四章和第五章详细介绍，本节主要介绍各层级管理主体的职责分工及主要监管要求等内容。

一、政府部门监督管理职责

《科技进步法》规定，要健全科技伦理治理体制，建立国家科技伦理委员会，完善科技伦理制度规范，健全审查、评估、监管体系。《科技伦理审查办法（试行）》规定，科技部负责统筹指导全国科技伦理监管工作，有关科技伦理审查监管的重要事项应听取国家科技伦理委员会的专业性、学术性咨询意见。

根据《关于加强科技伦理治理的意见》和《科技伦理审查办法（试行）》，各地方、相关行业主管部门按照职责权限和隶属关系负责本地方、本系统科技伦理审查的监督管理工作。

各地方、相关行业主管部门主要监督管理内容包括以下几方面：

（1）细化完善本地方、本系统的科技伦理监管框架和制度规范，加强对各单位科技伦理（审查）委员会和纳入清单管理科技活动（即科技伦理高风险科技活动）的监督管理。

（2）建立对纳入清单管理科技活动的专家复核机制。

（3）加强对本地方、本系统科技伦理违规行为调查处理的指导和监督，组织开展对重大科技伦理案件的调查处理，并利用典型案例加强警示教育。

（4）加强对本地方、本系统发生的重大突发公共事件应急伦理审查的协调、指导和监督。

按照职责权限和隶属关系，行业主管部门在系统内部推进本行业的科技伦理监督管理工作。根据现行的科技伦理法律法规及政策规范有关规定，部分行业领域的科技伦理监督管理主体及职责分工情况见表7–1。

表7–1　行业内科技伦理监督管理主体及责任分工

行业领域	监督管理主体及责任分工
实验动物	1. 科技部负责全国实验动物管理工作，建立国家实验动物福利伦理委员会，指导全国实验动物福利和动物实验伦理工作。国务院其他有关部门在各自职责范围内负责实验动物管理工作。 2. 省级科技部门具体负责本行政区域实验动物管理工作，负责指导和监督本行政区域实验动物福利伦理管理工作。省级其他有关部门在各自职责范围内负责本行政区域实验动物管理工作
涉及人的生命科学和医学研究	1. 国家卫生健康委会同有关部门共同负责全国涉及人的生命科学和医学研究伦理审查的监督管理。 2. 国家卫生健康委负责全国医疗卫生机构开展的涉及人的生命科学和医学研究伦理审查监督，组建国家医学伦理专家委员会指导各省医学伦理专家委员会工作。 3. 国家中医药局负责涉及人的中医药学研究伦理审查监督。 4. 教育部负责全国高等学校开展的涉及人的生命科学和医学研究伦理审查监督，并管理教育部直属高等学校相关工作。其他高等学校和科研机构开展的涉及人的生命科学和医学研究伦理审查的监督管理按行政隶属关系由相关部门负责。 5. 县级以上卫生健康、教育等部门依据职责分工负责本辖区涉及人的生命科学和医学研究伦理审查的监督管理
药物和医疗器械临床试验	1. 国家药品监督管理局主管全国药品和医疗器械的监督管理工作。国务院有关部门在各自职责范围内负责与药品和医疗器械有关的监督管理工作。 2. 省级药品监督管理部门负责本行政区域内的药品和医疗器械监督管理工作。设区的市级、县级药品监督管理部门负责本行政区域内的药品和医疗器械监督管理工作。县级以上地方人民政府有关部门在各自职责范围内负责与药品和医疗器械有关的监督管理工作

续表

行业领域	监督管理主体及责任分工
农业转基因生物安全	1. 国务院建立农业转基因生物安全管理部际联席会议制度。 2. 农业农村部负责全国农业转基因生物安全的监督管理工作。县级以上农业农村行政主管部门负责本行政区域内的农业转基因生物安全的监督管理工作。 3. 国家农业转基因生物安全委员会负责农业转基因生物的安全评价工作
人类遗传资源	1. 国务院卫生健康主管部门负责全国人类遗传资源管理工作；国务院其他有关部门在各自的职责范围内，负责有关人类遗传资源管理工作。 2. 省、自治区、直辖市人民政府人类遗传资源主管部门负责本行政区域人类遗传资源管理工作；省、自治区、直辖市人民政府其他有关部门在各自的职责范围内，负责本行政区域有关人类遗传资源管理工作

人工智能技术被广泛应用诸多行业领域，人工智能监管涉及多个相关行业主管部门。以生成式人工智能为例，国家网信办、国家发展改革委、教育部、科技部、工业和信息化部、公安部、广电总局等部门联合发布《生成式人工智能服务管理暂行办法》。为进一步促进人工智能健康发展，人工智能相关法律法规正在加速构建，人工智能相关行业领域监管机制有待法律法规进一步明确。目前，涉及人工智能交叉领域的科技伦理监督管理需遵循已有的行业领域监督管理要求，例如，脑机接口技术的伦理审查监管应遵守涉及人的生命科学和医学、医疗器械临床试验等领域的监督管理要求。

当前，各科技领域的科技创新日新月异，其带来的科技伦理问题也在不断变化，上述领域以外的科技活动的科技伦理监督管理也应引起足够重视。各领域均应加强科技伦理风险预警与跟踪研判，坚持促进科技创新与风险防范相统一。

二、科技创新主体管理职责

《科技进步法》规定，科学技术研究开发机构、高等学校、企业事业单位等应当履行科技伦理管理主体责任，按照国家有关规定建立健全科技伦理审查机制，对科学技术活动开展科技伦理审查。《关于加强科技伦理治理的意见》和《科技伦理审查办法（试行）》均规定，高等学校、科研机构、医疗卫生机构、企业等单位要履行科技伦理管理主体责任。

从法律和有关规定看，高等学校、科研机构、医疗卫生机构和企业等各类创新主体是履行科技伦理管理主体责任的核心主体，同时也是科技伦理违规行为单位内部调查处理的第一责任主体。各类科技创新主体的科技伦理管理主体责任主要体现在以下几方面：

（1）建立常态化工作机制，加强科技伦理日常管理，主动研判、及时化解本单位科技活动中存在的伦理风险。单位应为科技伦理（审查）委员会履职配备必要的工作人员、提供办公场所和经费等条件，并采取有效措施保障科技伦理（审查）委员会独立开展伦理审查工作。

（2）根据实际情况设立本单位的科技伦理（审查）委员会，并为其独立开展工作提供必要条件。从事生命科学、医学、人工智能等科技活动的单位，研究内容涉及科技伦理敏感领域的，应设立科技伦理（审查）委员会。其他有科技伦理审查需求的单位可根据实际情况设立科技伦理（审查）委员会。

（3）开展纳入《科技伦理审查办法（试行）》中规定的清单管理的科技活动的单位，应以本单位的名义向所在的地方或相关行业主管部门申请专家复核。

（4）及时按照《科技伦理审查办法（试行）》要求在规定期限内，向国家科技伦理管理信息登记平台登记科技伦理（审查）委员会成立运行情况、纳入清单管理科技活动实施情况、上一年度科技伦理（审查）委员会工作报告等信息。

（5）作为第一责任主体调查处理本单位内部的科技伦理违规行为等。

第二节

科技伦理监督管理主要措施

制定完善监督管理制度是实施科技伦理监督管理的前提和保障，依据现有科技伦理监督管理制度，本节主要介绍需要开展专家复核的科技活动清单制度、纳入清单管理科技活动伦理审查专家复核、科技伦理监督管理信息登记备案等制度措施。科技伦理违法违规责任追究作为科技伦理监督管理的惩戒措施，在第八章予以阐述。

一、建立需要开展专家复核的科技活动清单制度

《关于加强科技伦理治理的意见》提出研究制定科技伦理高风险科技活动清单的任务部署，为落实该任务部署，《科技伦理审查办法（试行）》以附件的形式明确了“需要开展伦理审查复核的科技活动清单”。

（一）制定需要开展专家复核的科技活动清单的考量因素

2022 年，科技部广泛征集了一线科研单位、学会协会和科研人员关于科技伦理高风险科技活动清单的意见建议，并组织国家科技伦理委员会各分委员会系统研究、反复论证，形成了“需要开展伦理审查复核的科技活动清单”。清单的制定主要考虑了以下风险因素：

（1）科学技术自身的伦理风险，包括科学知识和安全信息的充分程度，技术的成熟度、操作难易程度、安全性、有效性和可控性。

（2）科技活动伦理风险发生的可能性、风险种类、严重程度、影响范围等。

（3）科技活动的必要合理性、目标人群或目标应用场景等。

（二）需要开展专家复核的科技活动清单的具体内容

根据《科技伦理审查办法（试行）》，目前需要开展专家复核的科技活

动清单共 7 条，涉及生命科学、医学和人工智能三个科技领域，具体如下：

（1）对人类生命健康、价值理念、生态环境等具有重大影响的新物种合成研究。

（2）将人干细胞导入动物胚胎或胎儿并进一步在动物子宫中孕育成个体的相关研究。

（3）改变人类生殖细胞、受精卵和着床前胚胎细胞核遗传物质或遗传规律的基础研究。

（4）侵入式脑机接口用于神经、精神类疾病治疗的临床研究。

（5）对人类主观行为、心理情绪和生命健康等具有较强影响的人机融合系统的研发。

（6）具有舆论社会动员能力和社会意识引导能力的算法模型、应用程序及系统的研发。

（7）面向存在安全、人身健康风险等场景的具有高度自主能力的自动化决策系统的研发。

该清单将根据工作需要动态调整，由科技部公开发布。

二、开展纳入清单管理科技活动伦理审查专家复核

《关于加强科技伦理治理的意见》提出各地方、相关行业主管部门要建立科技伦理高风险科技活动伦理审查结果专家复核机制的任务部署。为贯彻落实该任务部署,《科技伦理审查办法（试行）》规定了专家复核程序的基本规范和要求。专家复核的主要目的是加强对存在较大伦理风险的科技活动的监管。专家复核不是对科技活动的重新伦理审查，而是对科技伦理（审查）委员会作出的初步审查意见的合规性、合理性等方面的审核把关。专家复核程序主要流程见图 7–1。

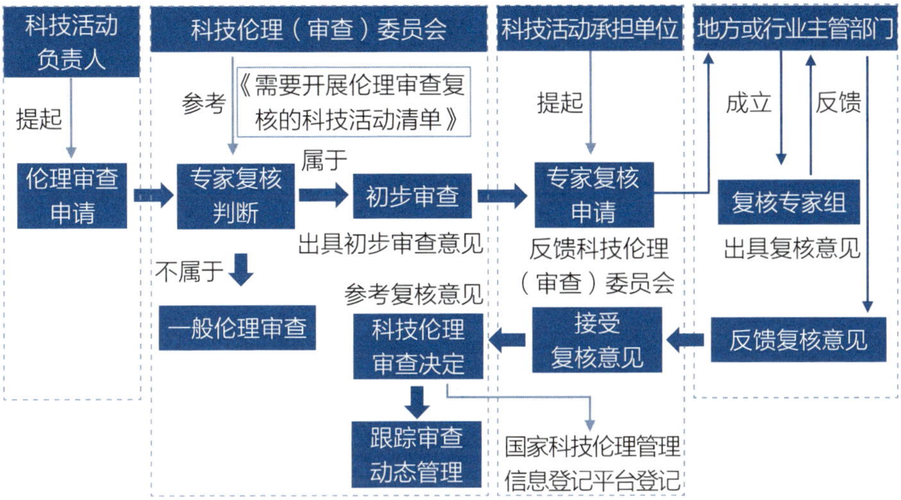

图 7-1　专家复核程序流程简图

（一）专家复核程序的申请与受理

1. 专家复核申请的提出

科技伦理（审查）委员会出具初步的伦理审查意见后，由科技活动承担单位向所在的地方或相关行业主管部门报请专家复核。

如果是多个单位参与的科技活动，牵头单位需要汇总相关信息并向其所在的地方或相关行业主管部门申请专家复核。

2. 申请专家复核需要提交的材料

申请专家复核时，科技活动承担单位需要组织科技伦理（审查）委员会和从事科技活动的科技人员按要求提交以下材料。

（1）《科技伦理审查办法（试行）》第九条所列材料，具体包括：科技活动概况，包括科技活动的名称、目的、意义、必要性以及既往科技伦理审查情况等；科技活动实施方案及相关材料，包括科技活动方案、可能的科技伦理风险及防控措施和应急处理预案、科技活动成果发布形式等；科技活动所涉及的相关机构的合法资质材料、参加人员的相关研究经验及参加科技伦理培训情况、科技活动经费来源、科技活动利益冲突声明等；知情同意书，生物样本、数据信息、实验动物等的来源说明材料等；遵守科技伦理和科研诚信等要求的承诺书；科技伦理（审查）委员会认为需要提交的其他材料。

（2）科技伦理（审查）委员会的初步审查意见。

（3）复核组织单位要求提交的其他相关材料。

3. 专家复核的受理

科技活动承担单位向地方或相关行业主管部门报请专家复核后，地方或相关行业主管部门应当成立复核专家组，受理专家复核。

（二）复核专家组的建立规范与标准

1. 复核专家组的组成

复核专家组由地方或相关行业主管部门组织成立，复核专家组的成员应该由科技活动相关领域具有较高学术水平的同行专家以及伦理学、法学等方面的专家组成，不少于 5 人。

需要注意的是，科技伦理（审查）委员会委员不得参与本委员会审查科技活动的专家复核工作。

复核专家应主动申明是否与复核事项存在直接利益关系，严格遵守保密规定和回避要求。

2. 专家复核的重点内容和标准

复核专家组开展专家复核的重点内容和标准包括以下内容。

（1）初步审查意见的合规性。初步审查意见应当符合我国法律、行政法规、国家有关规定和科技伦理要求。

（2）初步审查意见的合理性。初步审查意见应当结合技术发展需求和我国科技发展实际，对科技活动的潜在伦理风险和防控措施进行全面充分、恰当合理的评估。

（3）复核专家组认为需要复核的其他内容。

复核专家组采取适当方式开展复核，必要时可要求相关科技伦理（审查）委员会、科技人员解释说明有关情况。

（三）专家复核意见的作出与反馈

1. 复核意见的类别与作出

复核专家组作出的复核意见有两类，即同意或不同意。

复核意见的作出应经全体复核专家的三分之二以上同意。

2. 复核意见的反馈

复核专家组作出复核意见后，反馈给接受专家复核申请的地方或相关行业主管部门。地方或相关行业主管部门接到复核专家组反馈的复核意见后，需要及时反馈给报请专家复核的科技活动承担单位。

地方或相关行业主管部门一般应在收到科技活动承担单位复核申请后 30 日（注意不是工作日，而是自然日，下同）内向申请科技活动承担单位反馈复核意见。为满足《科技伦理审查办法（试行）》规定的反馈时限要求，地方或相关行业主管部门应当建立本地方、本系统的专家复核机制，明确复核专家组开展专家复核的时间进度安排等内容。

科技活动承担单位接收到地方或相关行业主管部门反馈的复核意见后，需要及时将专家复核意见送达科技伦理（审查）委员会。

（四）专家复核意见的使用

科技伦理（审查）委员会收到专家复核意见后，应该根据专家复核意见对已经完成初步伦理审查的科技活动进行最终审查，并作出最终科技伦理审查决定。

（五）跟踪审查及科技伦理风险变化的处理

科技伦理（审查）委员会应加强对本单位开展的（或接受委托审查开展的）纳入清单管理的科技活动的跟踪审查和动态管理，跟踪审查间隔一般不超过 6 个月。

科技活动的科技伦理风险发生重大变化的，应按照《科技伦理审查办法（试行）》第二十条规定重新开展伦理审查并申请专家复核。

（六）专家复核的例外情形

考虑到国家对一些科技活动已经实施行政审批或准入管理，《科技伦理审查办法（试行）》规定，国家对纳入清单管理的科技活动施行行政审批等监管措施，将符合伦理要求作为审批条件、监管内容的，可不再开展专家复核。审批、监管部门和科技活动承担单位应严格落实伦理监管责任，防控伦理风险。

三、建立科技伦理信息化管理平台

建立科技伦理信息化管理平台是建立健全科技伦理监督管理机制的重要内容。我国目前已建设的科技伦理信息化平台主要有国家科技伦理管理信息登记平台、国家医学研究登记备案信息系统、药物临床试验登记与信息公示平台。此外，中国临床试验注册中心（ChiCTR）作为世界卫生组织（WHO）的国际临床试验注册平台（WHO ICTRP）认证的一级注册机构，对科技伦理监督管理发挥一定的作用。

（一）国家科技伦理管理信息登记平台

1. 平台建立背景

《关于加强科技伦理治理的意见》提出，要建立健全科技伦理（审查）委员会登记制度，开展科技伦理高风险科技活动要按规定进行登记。建立登记制度，主要目的是及时了解和掌握全国科技伦理（审查）委员会建设情况及相关科技活动开展情况，为管理部门有效监管和主动服务提供支撑，是完善科技伦理监管方式的重要制度设计。

落实登记制度的最直接方式是建立信息化平台。因此，《科技伦理审查办法（试行）》提出，科技部负责国家科技伦理管理信息登记平台的建设，并为地方、相关行业主管部门了解掌握本地方、本系统的科技伦理审查体系建设等情况提供参考，为加强科技伦理监管提供信息化支撑。

2024 年 1 月，科技部网站发布的《关于开展科技伦理管理信息登记的通知》指出，科技部依托国家科技管理信息系统建设的国家科技伦理管理信息登记平台（https://service.most.gov.cn）已开通运行。

2. 需要登记的主要内容

根据《关于加强科技伦理治理的意见》和《科技伦理审查办法（试行）》的要求，高等学校、科研机构、医疗卫生机构、企业等单位应按要求在国家科技伦理管理信息登记平台进行登记。需要登记的主要内容包括科技伦理（审查）委员会信息、纳入清单管理的科技活动信息以及科技伦理（审查）委员会年度报告等，具体如下。

（1）科技伦理（审查）委员会信息。单位应在设立科技伦理（审查）委员会后 30 日内，向平台登记。登记的内容包括科技伦理（审查）委员会组成、章程、工作制度等。科技伦理（审查）委员会相关信息发生变化时（包括任期已满重新组建、成员变更等），应及时在平台更新。

（2）纳入清单管理的科技活动信息。单位应在纳入清单管理的科技活动获得伦理审查的最终批准后的 30 日内，在平台完成登记。纳入清单管理的科技活动获得伦理审查的最终批准是指由科技伦理（审查）委员会判断属于《科技伦理审查办法（试行）》附件“需要开展伦理审查复核的科技活动清单”范围的科技活动，并完成初步审查后，根据专家复核程序反馈的专家复核意见，对该科技活动作出最终伦理审查决定。

登记的内容包括科技活动实施方案、伦理审查与复核情况等，如果科技活动实施过程中发生方案变更或其他引起伦理风险发生变化的情况，导致登记的内容发生变化时（例如，重新开展专家复核等），需要及时在平台更新。

（3）科技伦理（审查）委员会年度报告。单位应当在每年的 3 月 31 日之前，登记上一年度科技伦理（审查）委员会的年度报告，报告内容主要包括科技伦理（审查）委员会的工作报告和本单位及科技伦理（审查）委员会对纳入“需要开展伦理审查复核的科技活动清单”管理的科技活动实施情况的报告等。

3. 平台登记注意事项

国家科技伦理管理信息登记平台首页专设“伦理登记平台”入口，登记注意事项如下：

（1）高等学校、科研机构、医疗卫生机构、企业等单位应在设立科技伦理（审查）委员会30日内或在纳入清单管理的科技活动获得伦理审查批准后30日内，通过本平台进行登记。

（2）该登记不代替成立科技伦理（审查）委员会或开展相关科技活动应当履行的备案、审批等程序。

（3）登记单位要加强对所登记信息的审核把关，确保信息准确、真实、完整并及时更新。

（4）如果科技伦理（审查）委员会的审查范围包括涉及人的生命科学和医学研究的，应按照《涉及人的生命科学和医学研究伦理审查办法》的规定，通过国家医学研究登记备案信息系统（https://www.medicalresearch.org.cn）完成备案后再进行登记。

（5）为减轻创新主体和科技人员负担，国家科技伦理管理信息登记平台已与国家医学研究登记备案信息系统对接，在国家医学研究登记备案信息系统已登记的信息内容不需要重复填写。

（6）地方、相关行业主管部门可通过本平台查看了解登记的科技伦理管理相关信息，加强对本地方、本系统相关单位科技伦理工作的指导和监督。

（二）国家医学研究登记备案信息系统

根据《干细胞临床研究管理办法（试行）》《涉及人的生物医学研究伦理审查办法》的管理要求及科技伦理治理需求，2020年国家卫生健康委科教司组织研发了“国家医学研究登记备案信息系统”（https://www.medicalresearch.org.cn/），加强医学研究全生命周期备案监管和临床研究信息化、平台化管理，实现医学研究从立项、审批、监管、结题、成果与转化等全链条备案管理和临床研究登记信息化管理。

该平台以伦理审查监管为抓手，建设服务于多层级多部门的监管者、研究者、研究参与者的基础性研究信息汇聚平台，建立伦理审查委员会备案管理体系和医学研究登记备案体系，实现伦理审查全面备案、临床研究全面备案，推动伦理审查协作，优化临床研究备案管理，逐步推动研究的透明化，促进医学研究健康发展。

该平台有两方面目标：一是医学研究全生命周期备案监管，即实现医学研究从立项、审批、监管、结题、成果与转化等全链条备案管理；二是临床研究信息化、平台化管理，即实现临床研究登记信息化管理，为电子化登记、审查、监管、备案提供支撑。

该平台可用于医学研究项目伦理审查和医学伦理委员会的登记备案和公示。需要登记的项目指须开展伦理审查的生物医学研究项目。医疗卫生机构开展的全部涉及人的生物医学研究项目（凡须通过伦理委员会审查的项目），均应通过该平台系统登记备案。

2023 年 2 月发布的《涉及人的生命科学和医学研究伦理审查办法》要求，机构应在伦理审查委员会设立之日起 3 个月内进行备案，并在国家医学研究登记备案信息系统上传信息；伦理审查委员会批准的研究在实施前，相关责任方应当将研究、伦理审查意见、机构审查意见等上传该平台，根据研究进展及时更新信息。

（三）药物临床试验登记与信息公示平台

公示临床试验信息对保障公众知情权、调动公众主动性以及发挥其社会监督作用、促进试验质量和效率的提高、促进信息共享、避免资源浪费以及充分整合珍贵的试验证据等均具有重要意义。《赫尔辛基宣言》是目前普遍遵循的人体医学研究的基本伦理准则，该宣言的 2008 年版新增“每个临床试验必须在招募第一例受试者前在公开可及的数据库中注册”的要求。

2012 年 11 月，原国家食品药品监督管理局建立了药物临床试验登记与信息公示平台（http://www.chinadrugtrials.org.cn/index.html），目前该平台由国家药品监督管理局药品审评中心管理，主要用于药物临床试验机构登记备案和运行管理，以及药品监督管理部门和卫生健康主管部门监督检查的信息录入、共享和公开。

2013年9月，原国家食品药品监督管理总局发布的《关于药物临床试验信息平台的公告》（2013年第28号）强制要求凡获国家食品药品监督管理总局临床试验批件并在我国进行临床试验（含生物等效性试验、PK试验、Ⅰ、Ⅱ、Ⅲ、Ⅳ期试验等）的，均应在该平台进行登记与信息公示。

药物临床试验登记与信息公示平台需要登记的信息主要有题目和背景信息、申请人信息、临床试验信息、研究者信息、伦理委员会信息、试验状态、临床试验方案、临床试验结果摘要、其他附件、登记人及联系方式等10方面信息。其中，伦理委员会信息主要包括伦理委员会名称、审查结论、伦理批件/备案证明文件、批准日期/备案日期、知情同意书、成员姓名、伦理委员会联系人信息，以及国内国际多中心试验信息等。需要特别注意的是，无论伦理委员会审查结果如何，均需按要求登记相关信息。在对外公开时，仅伦理委员会名称、审查结论和审查日期公示，其余信息不公示，仅用于监管目的。

（四）中国临床试验注册中心

中国临床试验注册中心（ChiCTR）由原卫生部中国循证医学中心和四川大学华西医院等共同组建，2007年原卫生部指定ChiCTR代表我国参加WHO ICTRP的国家临床试验注册中心，并于同年被认证为WHO ICTRP的一级注册机构，是全球第四个被认证的一级注册机构。

ChiCTR接受在中国和全世界实施的临床试验注册，将临床试验的设计方案及一些必要的研究信息向公众公开，有助于实现公众监督；将注册试验信息提交WHO ICTRP供全球共享，为相关科技人员发表国际学术论文等提供支撑。

平台网页（https://www.chictr.org.cn/）主要设置了简介、检索入口、重要文件、注册指南、常见问题等模块。其中，检索入口设置了检索试验、按国家（或省市）统计、按疾病代码统计、按试验实施单位统计、按试验主办单位统计、按经费或物资来源统计、按征募研究对象情况统计、按注册状态统计、按干预措施统计、按伦理委员会统计、按研究类型统计 11 个模块，供浏览者按需参阅相关资料。

第八章

科技伦理教育培训

CHAPTER 8

科技伦理教育培训是科技伦理治理的基础性环节，旨在培养人们在科技活动中遵循伦理原则、尊重生命尊严、维护社会公正的能力与意识，是推动公众提升科技伦理意识、理性对待科技伦理问题的重要方式，是科技伦理治理的重要基石。本章主要介绍国外科技伦理教育培训的发展历程和主要做法，以及我国科技伦理教育培训现状。

第一节

国外科技伦理教育培训概况

一、国外科技伦理教育培训的发展历程

国外科技伦理教育的发展，经历了从早期萌芽到规范逐步建立，最后到国际化趋势的基本演变过程。这一过程中，科技伦理教育的理论体系不断完善，指导实践不断加强，国际合作与交流也日益增多。

科技伦理教育的萌芽时期，可以追溯到古希腊时期，科技伦理观念多体现在学者之间的相互尊重和学术诚信上，科技伦理教育尚未形成独立的体系。亚里士多德在其《尼各马可伦理学》开篇提出“每种技艺与研究，同样地，人的每种实践与选择，都以某种善为目的”，开始关注科技与伦理道德的关系，把科技与伦理道德联系在一起。

19 世纪末至 20 世纪初，医学伦理规范开始建立。“二战”后,《纽伦堡准则》的制定成为医学伦理发展的重要里程碑，该准则确立了人体实验的基本原则。进入 20 世纪中叶，随着科技活动的日益活跃，尤其是生物医学领域的飞速发展，推动了更加全面的科技伦理规范的建立。1964 年,《赫尔辛基宣言》细化了医学研究中的伦理指导原则，为科技伦理教育提供了重要的理论支撑。1979 年,《贝尔蒙报告》提出的三项伦理原则，成为指导美国及其他地区医学和行为学研究伦理的基石，也为科技伦理教育提供了重要的实践指导。

20 世纪 70 年代后，发达国家开始重视在高校开展科技伦理教育，并将其纳入教学课程体系。美国的高校设立医学伦理、工程伦理、计算机科学

伦理等课程和专业，建立起由高校主导的科技伦理教育模式，该模式很快传到欧亚等地区，科技伦理教育呈现出国际化的趋势。此外，世界卫生组织、联合国教科文组织等推动全球性伦理标准的制定，促进了科技伦理教育的国际化发展。

二、国外科技伦理教育培训的主要做法

欧美等发达国家较早开展科技伦理教育培训探索，主要做法可以概括为政府和公共机构主导科技伦理教育培训、将科技伦理纳入高校教育课程、开展多层次科技伦理教育培训等。

（一）政府和公共机构主导科技伦理教育培训

美国以法律形式明确了财政资助项目的科技伦理教育培训要求。美国国会于 2007 年 8 月通过的《美国竞争法》[1] 规定，美国财政资助计划项目管理机构都需对参与其资助项目的科研人员提出负责任和遵守伦理的研究行为（RECR）方面的教育培训要求。按照法律要求，美国国家科学基金会（NSF）、美国国立卫生院（NIH）、美国国立食品和农业研究所（NIFA）等机构均制定了相关政策，要求受资助者开展 RECR 教育培训。以 NSF 为例，NSF 制定了多个开展 RECR 教育培训制度文件，明确了 NSF 的 RECR 主要内容及教育培训管理要求，这些制度文件对教育培训的要求归纳起来主要包括以下三方面内容：

（1）自 2010 年 1 月 4 日起，NSF 要求项目申请机构在提交申请时，被授权机构代表应提供本机构制定的针对所有项目参与者（包括本科生、研究生、博士后研究人员等）的 RECR 教育培训计划。

---

[1] 法律原名为《为有意义地促进一流的技术、教育与科学创造机会法》，即 *Creating Opportunities to Meaningfully Promote Excellence in Technology, Education, and Science Act*，因其英文缩写为 COMPETES（竞争），故又被称为《美国竞争法》。

（2）项目申请机构必须制订 RECR 教育培训计划，向参与 NSF 研究项目中的各类研究人员开展适当的 RECR 教育培训和监督。项目申请机构提供的培训应该真实有效，并且必须能够针对申请机构的特定需求和具体情况进行适当调整。每个申请机构都有责任确定 RECR 教育培训计划的内容、重点和执行方案。尽管不强制要求项目申请机构将 RECR 培训计划列入提交给 NSF 的申请材料中，但建议项目申请机构对其进行审查。项目申请机构必须指定一个或多个专门人员来监督 RECR 教育培训及其遵守情况。项目申请机构负责验证参与 NSF 资助项目中的本科生、研究生和博士后研究人员是否接受过 RECR 教育培训。

（3）NSF 支持在线 RECR 资源平台的开发，资源平台包含有关科学和工程领域 RECR 的研究结果、教学材料和可推广的实践经验等。RECR 资源平台不但推广给受 NSF 支持的研究界各类主体，也作为多媒体资源用来对科学家和工程师开展 RECR 培训。

美国 NSF 的 RECR 教育培训举措

NSF 的 RECR 教育培训主要做了两方面工作：一是资助建设网络资源平台；二是在网站列出 RECR 做得比较好的机构和组织的相关信息。

1.“工程和科学伦理在线中心”网络平台。NSF 资助建设了名为“工程和科学伦理在线中心”的网站，为工程师、科学家、教职员工和学生提供了解和解决科学与工程实践，以及科学与工程发展中可能出现的伦理问题等相关资源，并为那些学习和践行对工程、科学和社会科学开展并实施负责任研究的人或机构提供服务。鉴于平台的使命，该网站重点提供有关科学和工程领域的伦理教育交互式社区在线资源。这些资源包括RECR 的教育培训相关资讯和案例，同时还包括相关研讨会和会议等信息，以及紧跟时事的相关事件动态信息等。该网站由弗吉尼亚大学工程与应用科学学院主办，目前已经成为一个国际化的网站，访问者来自世界各地。该网络平台不仅可以为申请 NSF 项目的机构和组织提供一些可供参考的案例和信息，还能为各机构和组织制定适合自身的 RECR 教育培训计划提供咨询服务。

2. 提供具有参考价值的 RECR 教育培训机构和组织信息及典型案例。NSF 在其网站中列出 18 个典型的伦理机构、8 个关于 RECR 教育培训计划相关内容的网络链接。其中，列出的 18 个伦理机构包括了生物、医学、环保、信息、工程、应用科学、社科等多个领域的伦理咨询和管理机构；8 个 RECR 教育培训计划案例则分别列举了机构合作培训计划（CITI）的 RECR 课程、美国国立卫生研究院（NIH）校内研究办公室的负责任研究培训计划、哈佛大学负责任研究课程、斯坦福大学负责任研究课程、伊利诺伊理工学院 RECR 培训计划、密歇根州立大学科研诚信课程、美国卫生部科研诚信办公室相关培训资源、英国牛津大学科研诚信和伦理在线培训资源。以哈佛大学为例，其负责任研究课程向哈佛大学及其附属机构的所有研究人员开放，每年开课两次（1 月和 8 月各一次），该课程强调 RECR 是一门被强烈推荐的"最佳实践"课程，适合想学习"负责任和开展遵守伦理的研究行为"的人，对于任何有兴趣进一步从事科研的人来说，这也是一个极好的职业培训机会。

美国机构合作培训计划（CITI）是目前国际上对科研人员开展科技伦理教育培训的著名平台。2000 年 3 月，迈阿密大学米勒医学院放射肿瘤学名誉教授保罗 · 布伦瑞克博士和弗雷德 · 哈钦森癌症研究中心的凯伦 · 汉森共同创立了 CITI。CITI 初期致力于促进人体受试者保护，帮助机构伦理审查委员会成员、管理人员、调查人员、机构官员和其他相关人员了解研究中的伦理知识。目前，该项目已扩展到 20 个主题领域，每年帮助世界各地数千个订阅机构培训超过 100 万名学员。CITI 已成为一个国际在线教育培训计划，已在全球 40 个国家和地区的 60 多个网站上使用。

英国国家级学会协会等社团组织在支撑实验动物福利伦理治理方面发挥了重要作用，最典型的是英国皇家防止虐待动物学会（RSPCA）。RSPCA 在其官方网站开设“教育”板块，提供实验动物福利伦理方面的免费课程，这些课程与 RSPCA 教师、专业人员等一起合作开发，有的课程还与儿童及其家庭合作开发。RSPCA 设置了适合各种年龄段的课程，供不同群体参考借鉴。此外，RSPCA 还为动物福利伦理审查委员会（AWERB）成员提供入职培训学习资源，为 AWERB 的非专业成员提供培训会议，并牵头组织其他协会学会参与的培训会议。

日本学术振兴会 2015 年编写了国家级的科技伦理教材《为了科学的健康发展：一个有责任心的科学家的态度》，同步开发向国内外所有研究人员免费提供的科技伦理教育在线课程（eL CoRE）。该课程涵盖生命医学、人工智能、生物技术等领域，课程内容包括科技伦理基本概念、伦理原则在科研活动中的应用、科研诚信和负责任研究与创新等方面。

加拿大自然科学与工程研究理事会、加拿大卫生研究院、社会科学和人文研究理事会共同在 2011 年推出科技伦理在线教育项目 CORE（TCPS 2 Tutorial: Course on Research Ethics），所有准备从事涉及人的研究的科技人员及研究活动参与成员和管理人员，在进行研究活动前，均被强烈建议首先完成该 CORE 课程。

（二）将科技伦理纳入高校教育课程

在世界一流大学，科技伦理教育通常被视为非常重要的内容，本科和研究生阶段均设置科技伦理课程。许多大学在本科的通识教育及本科和研究生的专业教育中开设科技伦理必修课。此类课程的主题多样，包括“科技伦理”“医学伦理”“工程伦理”“生物伦理”“计算机伦理”“信息伦理”等，形成“伦理通识 + 专业学科 + 应用伦理”课程结构。这种独立课程设置的模式，教育目标明确，学习时间有保障，是一种比较理想的教育模式，但该模式对教学师资有着较高要求。

同时，一些大学尝试采用跨课程融合模式，在专业课程中融入伦理议题，使两者紧密结合，是学生接受度较高的一种科技伦理教育方式。例如，斯坦福大学计算机科学系在其本科课程中引入了一门名为“计算机科学与社会”的必修课，这门课程在导论阶段就涵盖了伦理、法律和社会责任等议题，学生将学习如何识别和解决在软件开发、网络安全、人工智能等领域中可能出现的科技伦理问题。

此外，部分高校也尝试将科技、伦理、法律等要素结合在一起开设综合课程。例如，英国帝国理工学院提供科技伦理与法律相结合的课程，该课程涵盖人工智能、生物技术、数据隐私等领域伦理和法律问题。美国加州大学伯克利分校提供科技伦理与法律研究课程。斯坦福大学设立人工智能伦理课程，课程内容包括人工智能决策过程中的伦理问题、数据隐私和安全性、算法偏见等内容，传授学生如何识别和评估人工智能应用中的伦理风险等知识，并让学生学会思考如何构建更加公正和可持续的人工智能系统。

（三）开展多层次科技伦理教育培训

科技伦理教育跨机构合作模式可以整合不同机构的资源，共同推进科技伦理教育。许多高校和机构建立紧密的合作关系，共同开展科技伦理教育研究。例如，斯坦福大学与硅谷的科技公司合作，学生通过实习和实践在实际工作中了解和应对科技伦理问题。学生可参与到公司实际项目中，亲身感受科技伦理问题的复杂性和挑战性，还可与公司伦理专家、法务团队等进行交流和学习。英国卫生系统的部分研究伦理委员会（REC）与伦敦大学学院（UCL）的生物医学研究中心建立了合作关系，REC 为 UCL 研究人员提供伦理审查和决策培训，帮助他们识别和应对研究中可能出现的伦理问题。

部分国家的国家伦理委员会通过出版伦理教材、开发伦理教育资源等方式协助开展科技伦理教育。例如，比利时生命伦理咨询委员会开发医疗保健伦理课程包供学生、教师和相关从业者学习参考；丹麦数据伦理委员会开发伦理教育资源、出版教材，面向包括中小学生在内的各类群体开展伦理宣传教育活动，如出版《在小学为儿童和青少年教授数据伦理课程》等。

第二节　我国科技伦理教育培训概况

一、我国科技伦理教育培训的发展历程

古代中国，科技与伦理是密切相连的。中国自古就是农业大国，人的命运与天息息相关，儒家道家思想中“天人合一”“敬畏生命”等对人与自然关系的认识，可以说是古代中国生态伦理的重要体现。墨子的“兼利天下”可以看作古代科学伦理教育的雏形。我国古代中医学相对比较发达，医学伦理思想比较成熟。作为我国古代医学伦理学的重要开拓者，孙思邈所著的《大医精诚》成为历代医者的必读文献，至今仍是医务工作者的行医重要准则。古代的科技伦理思想内容比较丰富，但缺乏科技发展的有力支撑，没有形成系统化、理论化的科技伦理思想体系。

中华人民共和国成立后，李四光、钱学森等新中国第一代科学家为科学探索和科技进步做出了卓越贡献，他们的事迹激励了无数青年积极投身科技工作，为祖国科技事业发展贡献力量。在这一时期，以爱国教育为主的科学道德教育，为后来科技伦理教育的发展奠定了价值基础。

改革开放后，科技的飞速发展带来了很多新的伦理挑战，1984 年，科技伦理学被纳入我国伦理学学科体系，成为新的分支学科。之后，《生命伦理学》《医学伦理学教程》等科技伦理著作的出版，标志着科技伦理学正式成为学科教育的内容。

党的十八大以来，以习近平同志为核心的党中央始终高度重视科技伦理工作。2022 年 3 月，中共中央办公厅、国务院办公厅印发《关于加强科技伦理治理的意见》，提出要“深入开展科技伦理教育和宣传”“将科技伦理教育作为相关专业学科本专科生、研究生教育的重要内容，鼓励高等院校开设科技伦理教育相关课程，教育青年学生树立正确的科技伦理意识，遵守科技伦理要求。完善科技伦理人才培养机制，加快培养高素质、专业化的科技伦理人才队伍”。

二、我国科技伦理教育培训现状

《关于加强科技伦理治理的意见》出台后，我国科技伦理教育培训进入了快车道。2022 年 3 月，教育部启动“高等学校科技伦理教育专项工作”，深入开展科技伦理课程建设、教材建设、师资培训，研究确定高校科技伦理教育重点课程清单，组建教材编写组并研究教材编写大纲。2022 年 9 月，国务院学位委员会、教育部印发《研究生教育学科专业目录（2022 年）》，在哲学门类下增设应用伦理专业学位类别。受教育部委托，清华大学牵头组建高校科技伦理教育专项工作专家组和工作组，积极推动科技伦理教育课程建设和教材开发，开展相关理论和政策研究。

高校作为科技伦理教育的重要阵地，肩负着教育青年学生树立正确科技伦理意识、培养科技伦理人才队伍的重要使命。在国家政策支持下，高校积极推动科技伦理教育研究和专业课程建设。2010 年以后，我国高校的科技伦理教育课程进入快速发展时期，各校陆续形成了各具特色的科技伦理专业课程体系。清华大学开设多门与科技伦理相关的选修课程，如科技伦理与职业道德、人工智能伦理、生物伦理、环境伦理等课程。北京大学开设科技伦理课程，将其作为全校通识选修课面向全校本科生开放。复旦大学依托哲学一级学科和跨学科的应用伦理学研究中心、生命医学伦理研究中心等启动应用伦理专业硕士招生。四川农业大学开设动物福利概论、动物行为与福利学课程。成都中医药大学开设中医伦理学、医学伦理学、药学伦理学、生命伦理学、管理伦理学、护理伦理学、藏医伦理学等科技伦理相关课程。

第九章

科技伦理违法违规责任

CHAPTER 9

科技伦理治理离不开法治保障。以《民法典》《科技进步法》等为代表的法律法规对科技伦理相关领域的违法行为及其法律责任作出了规定。《刑法修正案（十一）》明确规定‘非法植入基因编辑、克隆胚胎罪’，对具有严重危害性的科技伦理违法行为上升为犯罪行为予以刑事制裁。《关于加强科技伦理治理的意见》提出要严肃查处科技伦理违法违规行为。《科技伦理审查办法（试行）》《涉及人的生命科学和医学研究伦理审查办法》等文件明确了科技伦理违规行为种类及其调查处理措施。本章主要介绍科技伦理违法犯罪行为和违规行为种类、法律责任及其调查处理等内容。

第一节

科技伦理违法犯罪行为及法律责任

一、科技伦理违法行为及法律责任

涉及科技伦理的法律法规主要有《民法典》《科技进步法》《网络安全法》《个人信息保护法》《数据安全法》《基本医疗卫生与健康促进法》《精神卫生法》《医师法》《药品管理法》《实验动物管理条例》《人类遗传资源管理条例》等。相关法律法规规定的违法行为及处理措施见表 9–1。

《民法典》规定了为研制新药、医疗器械或发展新的预防和治疗方法需进行临床试验和从事与人体基因、人体胚胎等有关医学和科研活动的相关要求，主要目的是引导相关科技活动符合科技伦理规范要求，这些科技活动一旦发生违反科技伦理规范要求的情况，对当事人（例如，受试者、研究参与者等）造成损害的，需要承担相应的侵权责任。

《科技进步法》作为科技领域的“基本法”，在 2007 年第一次修订时增加了科技伦理相关的条款，规定国家禁止违反伦理道德的科学技术研究开发活动，2021 年第二次修订时增加了违反科技伦理的相关法律责任规定。该法规定的科技伦理违法行为处理措施，虽然有撤销和禁止参与特定科技活动等明确的制裁措施，但主要是概略性的惩戒规定，如进行处罚和处分等，且处理主体并未明确。因此，《科技进步法》中的法律责任条款更多的作用在于为下位的法规规章乃至行政规范性文件提供支撑和依据，一般需要和其他文件配合使用才能更好地发挥作用。

《网络安全法》《个人信息保护法》《数据安全法》涉及的科技伦理相

表 9–1　科技伦理治理违法行为法律责任有关规定

法律法规	涉及违法行为的相关条款	法律责任
《民法典》	新药 / 医疗器械等临床试验应经相关主管部门批准并经伦理审查同意，向受试者或者受试者监护人告知详细情况并获其书面同意。不得向受试者收取试验费用。 从事与人体基因、人体胚胎等有关医学和科研活动，应遵守法律、行政法规和国家有关规定，不得危害人体健康，不得违背伦理道德，不得损害公共利益	违反相关规定，对当事人造成损害的，要承担相应的侵权责任
《科技进步法》	禁止违背科技伦理的科学技术研究开发和应用活动	违背该规定的由科技人员所在单位或有关部门责令改正；有违法所得或获得科技进步财政资金的由有关部门终止或撤销相关活动，追回资金，没收违法所得，情节严重的由有关主管部门向社会公布其违法行为，依法给予处罚和处分，并禁止一定期限内承担或参与财政资金支持的科技活动及申请科技活动相关的行政许可；对直接负责的主管人员和其他直接责任人员给予行政处罚和处分
《网络安全法》	集、使用个人信息，应当遵循合法、正当、必要的原则，公开收集、使用规则，明示收集、使用信息的目的、方式和范围，并经被收集者同意。 不得收集与其提供的服务无关的个人信息，不得违反法律、行政法规的规定和双方的约定收集、使用个人信息，并应当依照法律、行政法规的规定和与用户的约定，处理其保存的个人信息。 收不得泄露、篡改、毁损其收集的个人信息；未经被收集者同意，不得向他人提供个人信息。但是，经过处理无法识别特定个人且不能复原的除外。	违反该规定侵害个人信息依法得到保护的权利的，由有关主管部门责令改正，可以根据情节单处或者并处警告、没收违法所得、处违法所得一倍以上十倍以下罚款，没有违法所得的，处一百万元以下罚款，对直接负责的主管人员和其他直接责任人员处一万元以上十万元以下罚款；情节严重的，并可以责令暂停相关业务、停业整顿、关闭网站、吊销相关业务许可证或者吊销营业执照

续表

法律法规	涉及违法行为的相关条款	法律责任
	应当采取技术措施和其他必要措施，确保其收集的个人信息安全，防止信息泄露、毁损、丢失。在发生或者可能发生个人信息泄露、毁损、丢失的情况时，应当立即采取补救措施，按照规定及时告知用户并向有关主管部门报告	
《个人信息保护法》	个人信息处理者应当根据个人信息的处理目的、处理方式、个人信息的种类以及对个人权益的影响、可能存在的安全风险等，采取下列措施确保个人信息处理活动符合法律、行政法规的规定，并防止未经授权的访问以及个人信息泄露、篡改、丢失： （一）制定内部管理制度和操作规程； （二）对个人信息实行分类管理； （三）采取相应的加密、去标识化等安全技术措施； （四）合理确定个人信息处理的操作权限，并定期对从业人员进行安全教育和培训； （五）制定并组织实施个人信息安全事件应急预案； （六）法律、行政法规规定的其他措施	违反该法处理个人信息，或者处理个人信息未履行本法规定的个人信息保护义务的，由履行个人信息保护职责的部门责令改正，给予警告，没收违法所得，对违法处理个人信息的应用程序，责令暂停或者终止提供服务；拒不改正的，并处一百万元以下罚款；对直接负责的主管人员和其他直接责任人员处一万元以上十万元以下罚款。 有前款规定的违法行为，情节严重的，由省级以上履行个人信息保护职责的部门责令改正，没收违法所得，并处五千万元以下或者上一年度营业额百分之五以下罚款，并可以责令暂停相关业务或者停业整顿、通报有关主管部门吊销相关业务许可或者吊销营业执照；对直接负责的主管人员和其他直接责任人员处十万元以上一百万元以下罚款，并可以决定禁止其在一定期限内担任相关企业的董事、监事、高级管理人员和个人信息保护负责人

续表

法律法规	涉及违法行为的相关条款	法律责任
《数据安全法》	开展数据处理活动应当依照法律、法规的规定，建立健全全流程数据安全管理制度，组织开展数据安全教育培训，采取相应的技术措施和其他必要措施，保障数据安全。利用互联网等信息网络开展数据处理活动，应当在网络安全等级保护制度的基础上，履行上述数据安全保护义务。 重要数据的处理者应当明确数据安全负责人和管理机构，落实数据安全保护责任	开展数据处理活动的组织、个人不履行该法规定的数据安全保护义务的，由有关主管部门责令改正，给予警告，可以并处五万元以上五十万元以下罚款，对直接负责的主管人员和其他直接责任人员可以处一万元以上十万元以下罚款；拒不改正或者造成大量数据泄露等严重后果的，处五十万元以上二百万元以下罚款，并可以责令暂停相关业务、停业整顿、吊销相关业务许可证或者吊销营业执照，对直接负责的主管人员和其他直接责任人员处五万元以上二十万元以下罚款
《基本医疗卫生与健康促进法》	医疗卫生人员下列行为之一的需承担法律责任： （一）利用职务之便索要、非法收受财物或者牟取其他不正当利益； （二）泄露公民个人健康信息； （三）在开展医学研究或提供医疗卫生服务过程中未按照规定履行告知义务或者违反医学伦理规范	由县级以上人民政府卫生健康主管部门依照有关执业医师、护士管理和医疗纠纷预防处理等法律、行政法规的规定给予行政处罚：属于政府举办的医疗卫生机构中的人员的，依法给予处分
《精神卫生法》	医疗机构对精神障碍患者实施下列治疗措施，应当向患者或者其监护人告知医疗风险、替代医疗方案等情况，并取得患者的书面同意；无法取得患者意见的，应当取得其监护人的书面同意，并经本医疗机构伦理委员会批准： （一）导致人体器官丧失功能的外科手术； （二）与精神障碍治疗有关的实验性临床医疗。 实施前款第一项治疗措施，因情况紧急查找不到监护人的，应当取得本医疗机构负责人和伦理委员会批准。 禁止对精神障碍患者实施与治疗其精神障碍无关的实验性临床医疗	由县级以上人民政府卫生行政部门责令改正，对直接负责的主管人员和其他直接责任人员依法给予或者责令给予降低岗位等级或者撤职的处分；对有关医务人员，暂停六个月以上一年以下执业活动；情节严重的，给予或者责令给予开除的处分，并吊销有关医务人员的执业证书

续表

法律法规	涉及违法行为的相关条款	法律责任
《医师法》	严重违反医师职业道德、医学伦理规范，造成恶劣社会影响的	由省级以上人民政府卫生健康主管部门吊销医师执业证书或者责令停止非法执业活动，五年直至终身禁止从事医疗卫生服务或者医学临床研究
《药品管理法》	药品生产企业、经营企业、药物非临床安全性评价研究机构、药物临床试验机构未按照规定实施药物非临床研究质量管理规范、药物临床试验质量管理规范等的行为	违反该规定的，责令限期改正，给予警告；逾期不改正的，处十万元以上五十万元以下的罚款；情节严重的，处五十万元以上二百万元以下的罚款，责令停产停业整顿直至吊销药品批准证明文件、药品生产许可证、药品经营许可证等，药物非临床安全性评价研究机构、药物临床试验机构等五年内不得开展药物非临床安全性评价研究、药物临床试验，对法定代表人、主要负责人、直接负责的主管人员和其他责任人员，没收违法行为发生期间自本单位所获收入，并处所获收入百分之十以上百分之五十以下的罚款，十年直至终身禁止从事药品生产经营等活动
《实验动物管理条例》	从事实验动物工作的人员对实验动物必须爱护，不得戏弄或虐待	由管理实验动物工作的部门视情节轻重，分别给予警告、限期改进、责令关闭的行政处罚
《人类遗传资源管理条例》	采集、保藏、利用、对外提供我国人类遗传资源未通过伦理审查的	由省、自治区、直辖市人民政府人类遗传资源主管部门责令停止开展相关活动，没收违法采集、保藏的人类遗传资源和违法所得，处五十万元以上一百万元以下罚款，违法所得在一百万元以上的，处违法所得五倍以上十倍以下罚款

关内容主要是个人信息和数据安全的保护，规定了收集个人信息、开展数据处理活动的组织、个人不履行个人信息和数据安全保护义务的法律责任，包括警告、罚款、责令暂停相关业务、停业整顿、吊销相关业务许可证或者吊销营业执照等处罚措施。

《基本医疗卫生与健康促进法》《精神卫生法》《医师法》从医疗卫生人员管理的角度对医学等领域科技伦理违法行为设置了法律责任条款，分别规定了医疗卫生人员在开展医学研究过程中违反医学伦理规范、严重违反医学伦理规范造成恶劣社会影响等行为的法律责任。另外，《基本医疗卫生与健康促进法》还规定如果需要承担法律责任的医疗卫生人员属于政府举办的医疗卫生机构的，还应依法给予处分。

《药品管理法》主要在第二十九条规定了药物临床试验机构等违反药物临床试验质量管理规范等情况的法律责任。《中华人民共和国药品管理法实施条例》进一步细化相关科技伦理违法行为的法律责任，主要有以下两方面内容：

（1）违反《药品管理法》第二十九条的规定，擅自进行临床试验的，对承担药物临床试验的机构，依照《药品管理法》第七十九条的规定给予处罚；

（2）药品申报者在申报临床试验时，报送虚假研制方法、质量标准、药理及毒理试验结果等有关资料和样品的，国务院药品监督管理部门对该申报药品的临床试验不予批准，对药品申报者给予警告；情节严重的，3 年内不受理该药品申报者申报该品种的临床试验申请。

《实验动物管理条例》与科技伦理相关的主要是对实验动物福利的关注，规定从事实验动物工作的人员对实验动物必须爱护，不得戏弄或虐待。否则将由管理实验动物工作的部门视情节轻重，分别给予警告、限期改进、责令关闭的行政处罚。

《人类遗传资源管理条例》则强调采集、保藏、利用、对外提供我国人类遗传资源需要通过伦理审查，否则将由省、自治区、直辖市人民政府人类遗传资源主管部门责令停止开展相关活动，没收违法采集、保藏的人类遗传资源和违法所得，并处以罚款。

二、科技伦理犯罪行为及法律责任

为维护国家安全和生物安全，防范生物威胁，同时与2021年4月施行的《生物安全法》相衔接，2020年12月通过的《刑法修正案（十一）》在刑法第三百三十四、三百三十六和三百四十四条各增加一条，分别是第三百三十四条之一“非法采集人类遗传资源、走私人类遗传资源材料罪”，第三百三十六条之一“非法植入基因编辑、克隆胚胎罪”，以及第三百四十四条之一“非法引进、释放、丢弃外来入侵物种罪”。以上三种罪名中的“非法植入基因编辑、克隆胚胎行为”被认为是典型的违反科技伦理的犯罪行为。

在《刑法修正案（十一）》出台之前，我国刑法并没有专门的罪名对以非法手段扰乱科技伦理秩序的严重违法行为进行制裁，往往只能通过其他罪名施以刑罚。“非法植入基因编辑、克隆胚胎罪”纳入刑法体系填补了这一空缺，可以说是我国科技伦理治理法治化的重要进步。但这不意味着其他科技伦理违法违规行为不会构成犯罪，相关行为在危害程度上达到刑事制裁的范畴后，也有可能以其他罪名追究刑事责任。

具体到“非法植入基因编辑、克隆胚胎罪”，此罪名因涉及伦理安全以及公共卫生管理秩序而被刑法所规制。行为人基于直接故意在“实验”中“植入”人类/动物胚胎，“明知”自己利用技术手段的行为必然或可能发生危害结果，仍追求植入结果的发生，存在“非法植入”的实施行为，侵犯了人类基因科学技术应用过程中的伦理安全法益，应予承担相应的法律责任。根据刑法第三百三十六条之一的条文内容，可以分析该罪的犯罪构成要件。

（1）关于犯罪主体，该条并未规定单位犯罪，所以犯“非法植入基因编辑、克隆胚胎罪”的只能是自然人。

（2）关于犯罪主观方面，从条文看，“植入”一词表明该罪不存在过失犯罪情况，只能是故意犯罪。因为行为人基于治疗、研究或者其他目的通过手术等手段实施“植入”行为，必然追求该行为的成功，而不仅仅是抱有放任的态度，所以，该罪是直接故意而非间接故意。另外，因为行为人是基于开展“实验”实施的相关行为，该罪的主观方面也无须考量行为人是否有牟利的目的。

（3）关于犯罪客体，鉴于该条文属于刑法分则第六章第五节危害公共卫生罪，该罪侵犯的法益除了科技伦理安全和秩序外，还有公共卫生管理秩序。

（4）关于犯罪客观方面，根据条文内容，可以将该罪的行为区分为将编辑后的人类胚胎植入人体或动物体，以及将编辑后的动物胚胎植入人体两类，其他不符合以上两类的基因编辑及植入行为如试管婴儿（不涉及基因编辑）或纯粹动物实验（不涉及人体）均不构成犯罪。另外应当注意到，根据条文内容，只有相关行为达成情节严重的情况下，才会处以相应的刑罚，即情节轻重也属于该罪的犯罪客观方面。

第二节

科技伦理违规行为及调查处理

一、科研单位与科技人员的违规行为及调查处理

科技活动承担单位、科技人员的科技伦理违规行为及调查处理主要依据《科技伦理审查办法（试行）》《涉及人的生命科学和医学研究伦理审查

办法》等有关规定执行。

（一）科技伦理违规行为

《科技伦理审查办法（试行）》规定了科技活动承担单位、科技人员的科技伦理违规行为，主要包括：

（1）以弄虚作假方式获得科技伦理审查批准，或者伪造、篡改科技伦理审查批准文件；

（2）未按照规定通过科技伦理审查和专家复核擅自开展纳入清单管理的科技活动；

（3）未按照规定获得科技伦理审查批准擅自开展科技活动；

（4）超出科技伦理审查批准范围开展科技活动；

（5）干扰、阻碍科技伦理审查工作；

（6）其他违反该办法规定的行为。

其中，以弄虚作假方式获得科技伦理审查批准，或伪造、篡改科技伦理审查批准文件等的行为也被《科研失信行为调查处理规则》列入科研失信行为。

另外，《科学技术活动违规行为处理暂行规定》将“未按规定进行科技伦理审查并监督执行”列为科学技术活动实施单位的违规行为，将“违反科技伦理规范”列为科技人员的违规行为。

《涉及人的生命科学和医学研究伦理审查办法》规定的科技活动承担单位（机构）违规行为主要有：

（1）未按照规定设立伦理审查委员会或者未委托伦理审查委员会审查，擅自开展涉及人的生命科学和医学研究；

（2）未按规定进行备案、在国家医学研究登记备案信息系统上传信息；

（3）未督促研究者提交相关报告并开展跟踪审查等行为。

《涉及人的生命科学和医学研究伦理审查办法》规定的科技人员违规行为主要有：

（1）研究或者研究方案未获得伦理审查委员会审查批准擅自开展研究工作；

（2）研究过程中发生严重不良反应或者严重不良事件未及时报告伦理审查委员会；

（3）违反知情同意相关规定开展研究；

（4）未及时提交相关研究报告；

（5）未及时在国家医学研究登记备案信息系统上传信息；

（6）其他违反该办法规定情形的行为等。

（二）调查处理

科技活动承担单位、科技人员违反《科技伦理审查办法（试行）》《涉及人的生命科学和医学研究伦理审查办法》等规定，有上述情形之一的，需要承担相应责任。具体调查处理要求为：由有管辖权的机构依据法律、行政法规和相关规定给予科技活动承担单位、科技人员处罚或者处理；造成财产损失或者其他损害的，依法承担民事责任；构成犯罪的，依法追究刑事责任。

1. 科技伦理违规行为调查处理主体

上述要求中，有管辖权的机构主要包括高等学校、科研机构、医疗卫生机构、企业等科技活动承担单位；科技活动承担单位上级主管部门；省级科技行政管理部门等，这些机构构成了对科技活动承担单位、科技人员科技伦理违规行为的调查处理主体。

（1）科技人员违规行为的调查处理主体。高等学校、科研机构、医疗卫生机构、企业等科技活动承担单位是科技伦理违规行为单位内部调查处理的第一责任主体，即科技活动承担单位是科技人员科技伦理违规行为的调查处理的第一责任主体，应及时主动调查科技伦理违规行为，依法依规追责问责。

在涉及人的生命科学和医学研究领域，医疗卫生机构的科技人员违规行为由县级以上地方卫生健康主管部门依法给予行政处罚和处分，其他机构（例如高等学校、科研机构等）科技人员按照行政隶属关系，由其上级主管部门处理。

（2）科技活动承担单位及单位负责人违规行为的调查处理主体。对于科技活动承担单位或者单位负责人涉嫌科技伦理违规行为的，由其上级主管部门调查处理。没有上级主管部门的，则由科技活动承担单位所在地的省级科技行政管理部门负责组织调查处理。

在涉及人的生命科学和医学研究领域，医疗卫生机构的科技伦理违规行为由县级以上地方卫生健康主管部门依法给予行政处罚和处分，其他机构（例如高等学校、科研机构等）按照行政隶属关系，由其上级主管部门处理。

2. 科技伦理违规行为具体调查处理措施

有管辖权的机构对科技伦理违规行为的具体处理措施可以参照表 9–1 中列举的法律法规，以及根据《科学技术活动违规行为处理暂行规定》《科研失信行为调查处理规则》等规章制度执行有关规定。

同时,《关于加强科技伦理治理的意见》也给出了科技伦理违规行为的查处指导，主要处理措施有：依法依规对科技伦理违规行为责任人给予责令改正，停止相关科技活动，追回资助资金，撤销获得的奖励、荣誉，取消相关从业资格，禁止一定期限内承担或参与由财政性资金支持的科技活动等处理。科技伦理违规行为责任人属于公职人员的，依法依规给予处分，属于党员的依规依纪给予党纪处分，涉嫌犯罪的依法予以惩处。

二、科技伦理（审查）委员会与委员的违规行为及调查处理

（一）科技伦理违规行为

《科技伦理审查办法（试行）》规定的科技伦理（审查）委员会、委员的科技伦理违规行为主要包括：

（1）弄虚作假，为科技活动承担单位获得科技伦理审查批准提供便利的；

（2）徇私舞弊、滥用职权或者玩忽职守的；

（3）其他违反该办法规定的行为。

《涉及人的生命科学和医学研究伦理审查办法》规定的伦理审查委员会的违规行为主要有：

（1）伦理审查委员会组成、委员资质不符合要求；

（2）伦理审查委员会未建立利益冲突管理机制；

（3）未建立伦理审查工作制度或者操作规程；

（4）未按照伦理审查原则和相关规章制度进行审查；

（5）泄露研究信息、研究参与者个人信息；

（6）未按照规定进行备案、在国家医学研究登记备案信息系统上传信息；

（7）未接受正式委托为其他机构出具伦理审查意见；

（8）未督促研究者提交相关报告并开展跟踪审查；

（9）对县级以上政府相关部门提出的整改意见，未在规定期限内完成整改或者拒绝整改；

（10）其他违反该办法规定的情形的行为。

（二）调查处理

科技伦理（审查）委员会、委员违反《科技伦理审查办法（试行）》规定，有上述情形之一的，需要承担相应责任。具体调查处理要求为：由有管辖权的机构依据法律、行政法规和相关规定给予处罚或者处理；造成财产损失或者其他损害的，依法承担民事责任；构成犯罪的，依法追究刑事责任。

1. 科技伦理违规行为调查处理主体

上述要求中，有管辖权的机构主要包括科技伦理（审查）委员会所在的单位及其上级主管部门等。

高等学校、科研机构、医疗卫生机构、企业等科技活动承担单位是科技伦理（审查）委员会、委员科技伦理违规行为单位内部调查处理的第一责任主体。地方、相关行业主管部门按照职责权限和隶属关系指导和监督本地方、本系统的科技伦理违规行为调查处理。

在涉及人的生命科学和医学研究领域，伦理审查委员会所在单位（机构）是第一责任主体、县级以上政府相关主管部门，按照行政隶属关系，开展违规行为的调查处理。对于医疗卫生机构伦理审查委员会和委员的违规行为由县级以上地方卫生健康主管部门处理，其他机构伦理审查委员会和委员的违规行为，按照行政隶属关系，由其上级主管部门处理。

2. 科技伦理违规行为具体调查处理措施

有管辖权的机构对科技伦理（审查）委员会、委员科技伦理违规行为的具体处理措施可以参照表 9-1 所列法律法规和《关于加强科技伦理治理的意见》《科技伦理审查办法（试行）》《涉及人的生命科学和医学研究伦理审查办法》《科学技术活动违规行为处理暂行规定》《科研失信行为调查处理规则》等有关规定执行。

在涉及人的生命科学和医学研究领域，县级以上政府相关部门对伦理审查委员会提出整改意见的情形，伦理审查委员会未在规定期限内完成整改或者拒绝整改，违规情节严重或者造成严重后果的，其所在单位应当调整伦理审查委员会、撤销伦理审查委员会主任委员资格，追究相关人员责任。对于医疗卫生机构伦理审查委员会和委员的违规行为由县级以上地方卫生健康主管部门对有关委员会和人员依法给予行政处罚和处分；其他机构伦理审查委员会和委员的违规行为，按照行政隶属关系，由其上级主管部门处理。县级以上人民政府有关行政部门对违反《涉及人的生命科学和医学研究伦理审查办法》的单位和个人作出的行政处理，应当向社会公开，至于严重违规行为，还要记入科研诚信严重失信行为数据库，按照国家有关规定纳入信用信息系统，依法依规实施联合惩戒。

除上述调查处理举措可供参考外，部分领域的具体处理举措也可以借鉴。例如，《干细胞临床研究管理办法（试行）》规定，开展干细胞研究的科研单位违反科研伦理原则，应当停止相关研究活动，给予通报批评并记入科研不端行为记录。

第十章

科技伦理治理面临的挑战与展望

CHAPTER 10

当前，我国科技伦理治理面临新形势和挑战，如何平衡科技创新与科技伦理监管是各国面临的难题，国家治理现代化对科技伦理治理提出新要求。本章主要分析我国科技伦理治理面临的挑战与需求，提出完善科技伦理治理体系建设的对策建议。

第一节

科技伦理治理面临的挑战与需求

科技伦理治理已成为我国实现高水平科技创新的重要保障，当前，新一轮科技革命和产业变革带来的科技伦理挑战不断凸显，加强科技伦理治理面临新形势、新挑战。

一、新兴科技领域伦理治理是全世界面临的共同挑战

新一轮科技革命正在加速兴起，以人工智能、大数据、生命科学等为代表的新兴领域正在酝酿重大原创性突破，科技创新呈现出新的发展特点。新兴领域的科技创新与产业周期演进的速度不断加快，复杂程度不断提高，对人类本身、自然环境、经济社会和生活带来巨大变化和影响的同时，也具有诸多潜在的伦理风险。这些趋势为科技伦理治理带来新范畴、新模式，将使科技伦理治理发生深刻变化。加强对新兴科技领域伦理治理是全世界面临的共同挑战，也是全球科技治理的重要内容。我国科技发展进入新阶段，对科技伦理治理提出了新要求。

科技越先进、复杂程度越高，其带来的潜在风险就越大。以人工智能、大数据、生命科学等为代表的新兴科技领域不断出现重大原创性突破，新兴科技领域创新与产业周期演进的速度不断加快，复杂程度不断提高，对人类、生态环境、经济社会带来巨大影响的同时，也存在潜在伦理风险。近期，由美国人工智能实验室 OpenAI 开发的聊天机器人（程序）ChatGPT 引起了人们对其带来的系列科技伦理问题的广泛关注和讨论，公众对加强新兴科技领域伦理治理的呼声越来越高。公众也对新兴科技领域的伦理风

险表示担忧，根据人民智库2022年发布的调查数据，66.21%的受访者时常会担心科技滥用、科技作恶，65.79%的受访者表示自己经常担忧难以治理的科技伦理问题，63.87%的受访者反感或害怕机器人和人工智能客服。新兴科技领域的快速发展带来的伦理挑战将使科技伦理治理的范畴和模式发生深刻变化，加强新兴科技领域的伦理治理已成为世界各国面临共同挑战。新兴科技领域的发展对科技伦理治理提出更高要求，也使得新兴科技加快应用和由此带来的伦理挑战与安全风险成为今后面临的一个长期结构性难题。

二、如何平衡科技创新与科技伦理监管是各国面临的难题

高质量科技创新需要合理平衡科技伦理监管。当前，科技创新与科技伦理监管如何平衡是各国面临的难题。国际上主要采用先行原则和防范原则两种不同的监管模式，应对科技活动带来的伦理和安全风险。前者倾向于科技创新优先，认为伦理问题会随科技进步而被解决，不应限制科技创新；后者倾向于在达成风险共识前，政府部门应审慎对待，不应鼓励发展新技术，其中，防范原则是世界主要发达国家和地区制定新兴科技领域伦理监管制度的主要考虑。新兴技术是否需要强化监管曾经引发了关于科技创新与科技伦理监管的讨论。2014年德国伦理委员会发布的一份关于加强对双重用途研究监管的报告引发了德国科学界的争论。在我国，尽管科技界存在某些科技伦理监管阻碍科技创新的观点，但从国际经验看，世界主要发达国家和地区的科技伦理监管往往较严格，同时其科技创新能力却很强，而且已形成“伦理监管是促进高水平科技创新”的理念与共识。从国内外的学术界看，加强对新兴科技领域的伦理监管已达成了普遍共识。因此，加强科技伦理治理需要兼顾科技创新与科技监管，但如何在两者之间寻找一个合理的平衡点是值得深入研究的议题，也是科技伦理治理面临的挑战。

德国双重用途病毒研究报告引发的伦理监管讨论

2014年德国伦理委员会发布的一份关于加强对双重用途研究监管的报告曾引起对双重用途研究监管的讨论。双重用途研究是一类可以造福人类，但若被不当利用又可能制造危险的科技活动。该报告认为，德国政府应介入立法以规范双重用途研究，应当成立一个全国性委员会以提前评审涉及双重用途研究的计划书，无论是在德国还是国际上，都亟待采取行动提高关于此问题的认识。报告还指出当前的监管非常不充分，德国法律应将增加病原体传播性和潜在感染性、扩大其宿主范围、使病原体更稳定或更难检测的研究等10类研究归为双重用途研究。这10类研究其实是对2004年美国生物安全报告提出的类似研究清单版本的扩展，美国已将相关研究纳入若干新法规。此后，美国要求财政资助机构评审涉及双重用途研究的计划书，要求开展某些双重用途研究的科学家必须接受财政资助机构额外的审查。同时，美国一些官员还在考虑设置一套法规，要求高校评审双重用途研究并提出减少风险的对策。

加强对双重用途研究的监管引起了部分人群的讨论。

支持加强对双重用途研究从严监管的人对此表示欢迎。美国华盛顿疫苗研究基金会创始人彼得·海尔（Peter Hale）一直呼吁限制双重用途研究。他认为这是一份值得称赞的、全面的和令人信服的报告，该报告首开先河，提出一整套实质建议，有望在其他国家引发关于双重用途研究的激辩和行动，因此，应要求各国政府阅读该报告。法国巴斯德研究所病毒学家西蒙·韦思－霍布森（Simon Wain-Hobson）在德国伦理委员会之前便发表了相关声明。他认为，如果病毒学家不高兴，那是因为他们不想面对这个日新月异的世界，而实际上确需双重用途研究委员会参与监管。

有的科学家对该报告提出质疑。柏林罗伯特科赫研究所副所长拉尔斯·夏德（Lars Schaade）表示，他支持德国伦理委员会的一些提议，例如建立一套用于指导德国科学家的行为准则和强制性的生物安全培训，但认为没必要重新立法和建立全国双重用途研究委员会，因为各高校相关委员会同样能高效地评审涉及双重用途研究的计划书，否则反而会引入额外的批准流程，还会存在利益冲突。德国马尔堡菲利普大学病毒学家斯蒂芬·贝克尔（Stephan Becker）表示，他并不支持重新立法规范科学家工作，认为强制性的立法并不能解决问题，要解决该问题只能靠教育、增强意识和沟通。

三、国家治理现代化对科技伦理治理提出新要求

我国全面深化改革总目标是完善和发展中国特色社会主义制度，推进国家治理体系和治理能力现代化。习近平总书记在 2019 年 10 月 31 日党的十九届四中全会第二次全体会议上的讲话中指出，坚持和完善中国特色社会主义制度、推进国家治理体系和治理能力现代化，是关系党和国家事业兴旺发达、国家长治久安、人民幸福安康的重大问题。随着中国特色社会主义进入新时代，我国发展处于新的历史方位，我国社会主要矛盾已经转化为人民日益增长的美好生活需要和不平衡不充分的发展之间的矛盾，我国国家治理面临许多新任务、新要求。

党的十九届四中、五中全会分别提出健全科技伦理治理体制、健全科技伦理体系。党的二十大报告提出要实现高水平科技自立自强，完善科技创新体系，营造创新氛围。加强科技伦理治理，建立健全科技伦理治理体

系是我国治理体系和治理能力现代化的重要体现，也是完善科技创新体系的重要一环，将为中国特色社会主义制度和国家治理体系更加完善、不断发展提供有力支撑。党的二十届三中全会审议通过的《中共中央关于进一步全面深化改革、推进中国式现代化的决定》提出，深化科技评价体系改革，加强科技伦理治理，严肃整治学术不端行为。科技伦理治理作为中国实现高水平科技自立自强的重要保障，也是实现中国式现代化的重要基础。

第二节 科技伦理治理体系建设展望

一、加快推进科技伦理制度体系建设

一是加强新兴科技领域科技伦理立法研究。加强人工智能、生命科学、医学等领域的科技伦理立法研究，及时推动将重要的科技伦理规范纳入国家法律法规。在人工智能、生命健康等领域的法律法规制修订中研究纳入科技伦理审查监管基本要求。在科技伦理治理取得较为成熟的经验成效后，推进科技伦理治理立法工作，探索制定针对科技伦理监管的综合性或分领域的专门法律法规，并细化配套政策。

二是充分发挥国家科技伦理委员会在新兴技术伦理规范制定中的作用。加快推动重点领域和新兴科技领域科技伦理制度规范建设，依托国家科技伦理委员会以及生命科学、医学、人工智能三个伦理分委员会，研究起草适用生命科学、医学、人工智能等重点领域和新兴科技领域的科技伦理规范、指南及标准指引等，为各类创新主体和科技人员合规开展各类科技活

动提供指导和基本遵循。

二、健全科技伦理审查和监管机制

一是健全科技伦理（审查）委员会监管机制。落实《关于加强科技伦理治理的意见》任务部署，充分利用国家层面科技伦理信息管理平台，实施科技伦理（审查）委员会注册登记的监管机制，为科技伦理监管提供信息化支撑。协同各地方、相关行业主管部门建立完善本地方、本系统的科技伦理（审查）委员会监管机制，推动建立专门的监管机构履行具体监管职责。借鉴国外相关经验，探索建立国家/部门—地方/区域—机构的科技伦理（审查）委员会监管体系。

二是引导地方建立健全专业性、区域性科技伦理审查中心。总结现有医学等领域的区域伦理审查机构经验、存在的问题和困难等，跟踪江苏、浙江、湖南等省份建立的专业性、区域性科技伦理审查中心的建设进展及问题，及时总结现有区域性伦理审查机构好的经验做法，引导地方建立健全专业性、区域性科技伦理审查中心。鼓励地方探索建立区域互通的伦理审查中心，提高伦理审查效率，减轻科研人员和伦理审查工作人员的负担。

三、强化科技伦理审查能力和主体责任

一是进一步压实各类创新主体的科技伦理管理主体责任。国家有关部门和地方定期开展科技伦理政策解读、工作实务培训等活动，加强科技伦理政策宣讲贯彻，推动各创新主体建立健全科技伦理管理制度，完善科技伦理（审查）委员会设立与管理机制，重视科技伦理审查及其跟踪审查，严格把好科技伦理审查关。各创新主体应增强责任意识，主动作为，建立

常态化工作机制，并依据自身特点，建立系统化科技伦理教育培训机制，将科技伦理纳入教育课程、入职培训、参与科技活动及学术研讨交流等，提升科研人员和科技伦理工作人员的伦理意识素养和专业能力。

二是加强科技伦理（审查）委员会的能力建设。有关行业主管部门和地方应建立覆盖创新主体、科研人员、伦理审查人员等的全方位培训体系，整合专家资源设计不同领域的科技伦理培训课程，针对不同类型的科技伦理（审查）委员会进行不同类别的业务培训和指导，开展高水平科技伦理审查实务培训。各创新主体应对本单位的科技伦理（审查）委员会提供人财物及职称评定等支持，加强科技伦理（审查）委员会的规范化管理；建立内部科研人员、伦理审查人员的交流互动机制。各创新主体之间可以开展各种形式的科技伦理培训交流，探索建立常态化科技伦理培训共建共享合作机制，不断提升科技伦理（审查）委员会能力和水平。

四、加强科技伦理教育研究和人才培养

一是建立科技伦理研究基地和科技伦理专家库。依托有关部门、地方科技伦理研究优势单位、团队和专家，探索建立科技伦理研究基地、科技伦理研究团队和专家库，为科技伦理治理提供研究、咨询和决策支撑。加强科技伦理治理研究及支持力度，结合新兴技术发展趋势，部署一批科技伦理前瞻问题研究，鼓励相关机构、智库、社会团体、科研人员等开展科技伦理治理理论研究和制度探索，为完善我国科技伦理制度规范、审查监管机制建设、参与国际科技伦理规则制定等提供研究支撑。

二是完善科技伦理人才教育培养机制。加快培养高素质、专业化的科技伦理治理人才队伍，针对生命医学、实验动物、人工智能等科技伦理人才急缺的领域，探索建立在部分高校开展定点教育的试点计划，有针对性地培养能满足各类创新主体和科技管理部门需求的专门人才。逐步将科技

伦理教育作为相关专业学科本专科生、研究生教育的重要内容，鼓励高等学校开设科技伦理教育相关课程，教育引导青年学生树立正确的科技伦理意识，遵守科技伦理要求。

五、深入开展科技伦理政策宣贯与引导

一是加强对科技工作者的科技伦理宣传引导。鼓励科技类学会、协会、研究会等在本领域科技伦理教育培训及宣传引导等方面积极发挥作用，通过搭建科技伦理教育培训、宣传交流平台，宣传科技伦理专业知识，加大对所在领域科技工作者的科技伦理引导。

二是开展面向社会公众的科技伦理宣传。引导公众提升科技伦理意识，理性对待科技伦理问题。探索设立官方渠道，鼓励专业科技人员就科技创新中的伦理问题与公众充分交流互动，从专业层面对新兴技术开展正确的科普宣传，引导正确的舆论导向。支持公众积极参与科技伦理治理活动，监督并抵制科技伦理违规行为。

三是引导规范各类媒体自觉提高科技伦理素养。相关行业主管部门应推动引导各类新闻媒体建立科技伦理规范报道机制，传播科技伦理知识；与各网络平台加强交流，要求各网络平台强化自媒体信息发布前的审核环节，建立相关惩戒机制，避免夸大科技伦理问题，误导公众。

四是敏捷应对科技伦理争议问题或舆论热点。对存在公众认知差异、可能带来科技伦理挑战的科技活动，及时组织相关单位和专家学者等加强科学普及，引导公众科学对待。出现科技伦理舆情时，应及时从公众可接受且通俗易懂的角度、协同权威媒体共同发声，快速引导正确的舆论导向。

六、积极参与科技伦理国际合作与交流

一是健全科技伦理国际合作机制。国家相关部门应主动参与科技伦理国际治理，将参与国际伦理议题讨论和国际伦理规则制定纳入科技强国建设的重要内容。加强与国际组织、其他国家和地区的合作，推动国际科技伦理合作项目的开展，分享经验和最佳实践。

二是积极牵头或参与制定国际科技伦理准则。积极牵头或参与制定国际科技伦理准则和标准，确保科技发展符合全球公认的伦理原则。支持相关专家学者参与重要科技伦理国际规则和指南文件的制（修）订。

三是促进科技伦理国际交流与对话。积极参与国际科技伦理前沿问题的讨论、交流和合作研究等。鼓励专家学者和研究人员参与国际学术交流，推动科技伦理知识的共享与传播。对科技伦理热点问题积极发声，及时向国际社会阐明中国科技伦理立场、方案和实践经验。

参考文献

[1] 王志刚 . 完善科技伦理治理体系 保障科技创新健康发展［J］. 求是，2022（20）：43–47.

[2] 中共中央办公厅 国务院办公厅印发《关于加强科技伦理治理的意见》［EB/OL］.（2022–03–20）［2024–07–03］. https://www.gov.cn/gongbao/content/2022/content_5683838.htm.

[3] 戴国庆 . 加强科技伦理治理 积极推动科技向善［J］. 国际人才交流，2022（5）：6–7.

[4] Our Global Neighborhood: The Report of the Commission on Global Governance[M]. Oxford: Oxford University Press, 1995: 2–3.

[5] Alan Paic, Camille Viros. Governance of science and technology policies[J]. OECD Science, Technology and Industry Policy Papers, 2019, No.84, OECD Publishing, Paris.

[6] 樊春良 . 国家科技治理体系的理论构架与政策蕴含［J］. 科学学与科学技术管理，2022，43（3）：3–23.

[7] 张文霞，卢阳旭，何光喜 . 关于科技伦理治理的几点认识［J］. 科技中国，2022（8）：88–90.

[8] 王国豫 . 纳米伦理：寻求未来安全的伦理［J］. 中国科学院院刊，2012，27（4）：411–417.

[9] 宋应登 . 财政资助研究项目伦理监管制度及发展趋势研究［J］. 中国科技论坛，2021（5）：21–31.

[10] 张海洪，赵伟立，丛亚丽 . 世界医学会《国际医学伦理准则》2022 年版修订述评［J］. 医学与哲学，2022，43（20）：1–4.

[11] RAND Corporation. Ethics in Scientific Research: An Examination of Ethical

Principles and Emerging Topic[R]. Santa Monica: RAND Corporation, 2019.

[12] Worldwide AI ethics: A review of 200 guidelines and recommendations for AI governance[J]. Patterns, 2023, 4(10)：1–14.

[13] 宋应登，霍竹，邓益志 . 英国科技伦理监管体系研究与启示［J］. 中国科技论坛，2024,（8）：179–188.

[14] 宋建宝 . 欧盟人工智能伦理准则概要［N］. 人民法院报，2019–04–19（8）.

[15] 胡庆澧，陈仁彪，沈铭贤，等 . 关于设立国家生命伦理委员会的建议［J］. 中国医学伦理学，2005，18（2）：25–26.

[16] 邓蕊 . 科研伦理审查在中国——历史、现状与反思［J］. 自然辩证法研究，2011，27（8）：116–121.

[17] 曹永福，王云岭，杨同卫，等 . 我国“医学伦理委员会”的成立背景、功能和建设建议［J］. 中国医学伦理学，2004（5）：31–32.

[18] 推动科技向善 把好伦理“方向盘”——科技部有关负责人解读《科技伦理审查办法（试行）》［EB/OL］.（2023–10–09）［2024–07–04］. https://www.most.gov.cn/xxgk/xinxifenlei/fdzdgknr/fgzc/zcjd/202310/t20231010_188399.html.

[19] 黄冬枚，肖洁汶，谢仁炜 . 我国区域伦理委员会的建设现状与对策［J］. 中国医学伦理学，2020，33（6）：731–736.

[20] 关于印发涉及人的生命科学和医学研究伦理审查办法的通知［EB/OL］.（2023–02–028）［2024–07–12］. https://www.gov.cn/zhengce/zhengceku/2023-02/28/content_5743658.htm.

[21] 《涉及人的生命科学和医学研究伦理审查办法》文件解读［EB/OL］.（2023–02–28）［2024–07–12］. https://www.gov.cn/zhengce/2023-02/28/content_5743660.htm.

[22] 《新一代人工智能伦理规范》发布［EB/OL］.（2021–09–26）［2024–07–

18］. https://www.most.gov.cn/kjbgz/202109/t20210926_177063.html.

[23] ［古希腊］亚里士多德 . 尼各马可伦理学［M］. 廖申白 . 北京：商务印书馆，2003：3.

[24] 宋应登，邓益志 . 美国国家科学基金会的科技伦理教育培训管理制度研究［J］. 中国科技人才，2021（4）：54-60.

[25] Get to know CITI Program[EB/OL].［2024-07-23］. https://about.citiprogram.org/get-to-know-citi-program/.

[26] 张麒麟 . 国外政府主导的科技伦理教育项目实践及其启示［J］. 中国科技人才，2023（5）：62-69.

[27] 杨斌：加快推进高校科技伦理教育［EB/OL］.（2023-05-16）［2024-07-22］. https://www.thepaper.cn/newsDetail_forward_19368147.

[28] 李思琪 . 科技伦理与安全公众认识调查报告（2021）［J］. 国家治理，2022（7）：43-47.

[29] 丁明磊 . 高水平科技伦理治理：现实意义与总体思路［J］. 国家治理，2022（7）：38-42.

[30] 樊春良 . 科技伦理治理的理论与实践［J］. 科学与社会，2021，11（4）：33-50.

[31] 李真真，董永亮，高旖蔚 . 设计生命：合成生物学的安全风险与伦理挑战［J］. 中国科学院院刊，2018，33（11）：1269-1276.

[32] 翟晓梅，邱仁宗 . 合成生物学：伦理和管治问题［J］. 科学与社会，2014，4（4）：43-52.

[33] 闫洁 . 别让科学“脱缰”德伦理会呼吁监管双重用途研究［N］. 中国科学报，2014-05-15（3）.

[34] 宋应登，霍竹，邓益志 . 中国科技伦理治理的问题挑战及对策建议［J］. 科学学研究，2024，42（8）：1569-1576.

[35] 邱仁宗，翟晓梅 . 有关机构伦理审查委员会的若干伦理和管理问题

[J]. 中国医学伦理学，2013，26（5）：545–550.
[36] 陈少莹，蒋辉 . 基于研究者伦理抉择能力构建临床研究伦理培训体系［J］. 中国医学伦理学，2023，36（3）：249–254.
[37] 周吉银，刘丹 . 伦理倾销对中国的危害与防范对策［J］. 中国医学伦理学，2019，32（12）：1511–1517.
[38] 王爽，张新庆，郑小兰，等 . 伦理倾销行为及其诱因与规避策略［J］. 中国科技论坛，2022（4）：137–145.
[39] 周琪 . 我国科技伦理治理体系建设任重道远［J］. 中国人才，2022，（05）：60.
[40] 李伦 . 科研伦理：科学研究的道德基础［J］. 人民论坛 · 学术前沿，2023,（11）：96–102.
[41] 翟晓梅，王辰 . 生命伦理学面临的新挑战［J］. 医学与哲学，2022，43（11）：1–4.
[42] 高旖蔚，李真真 . 平衡前沿突破与伦理治理——以人类胚胎研究为例［J］. 科学学研究，2024，42（05）：904–913.
[43] 彭耀进，周琪 . 应对生物技术变革与伦理新挑战的中国方略［J］. 中国科学院院刊，2021，36（11）：1288–1297.
[44] 于雪，李伦 . 人工智能的设计伦理探析［J］. 科学与社会，2020，10（02）：75–88.
[45] 刘露，杨晓雷，高文 . 面向技术发展的人工智能弹性治理框架研究［J］. 科学与社会，2021，11（02）：15–29.
[46] 雷瑞鹏 . 合成生物学研究和应用的伦理学论证——对“诉诸自然”论证的批判［J］. 伦理学研究，2022,（05）：111–118.
[47] 于雪，凌昀，李伦 . 新兴科技伦理治理的问题及其对策［J］. 科学与社会，2021，11（04）：51–65.
[48] 陈小平 . 人工智能伦理治理：一种新型问题的底层逻辑和创新探索

［J］. 生命科学，2022，34（08）：983–989.

[49] 陈小平 . 人工智能伦理建设的目标、任务与路径：六个议题及其依据［J］. 哲学研究，2020,（09）：79–87.

[50] 石佳友，刘忠炫 . 基因编辑技术的风险应对：伦理治理与法律规制［J］. 法治研究，2023,（01）：86–98.

[51] 刘永谋，谭泰成 . 算法伦理研究的方法论反思［J］. 道德与文明，2023,（03）：24–34.

[52] 孙春晨 . 应用伦理为社会治理提供实践智慧［J］. 哲学动态，2023,（09）：5–11.

[53] 闫坤如 . 数智时代科技伦理教育改革的思考［J］. 自然辩证法研究，2024，40（03）：132–137.

[54] 刘瑶瑶，王硕，李正风 . 高校科技伦理课程建设：现状、挑战与对策——基于 17 所高校的实证研究 [J]. 自然辩证法研究，2024，40(04)：129–135.

[55] 王少 . 美国科技伦理教育的经验与启示 [J]. 中国高校科技，2024,（01）：103–110.

[56] 赵国栋，石佳 . 新中国成立后科学道德教育的回顾与展望 [J]. 教育理论与实践，2023，43（25）：46–51.